卓越工程师计划：软件工程专业系列丛书

面向对象软件工程与 UML 实践教程

杨 林 叶亚琴 方 芳 编著

科 学 出 版 社

北 京

内 容 简 介

本教材深入浅出地对 UML 各种模型进行讲解，以生动的例子穿插于大量概念的解释当中。侧重于实践和应用，每章均附有习题对重点和难点内容进行练习。本书是计算机软件领域中一项实用技术，是软件学科中软件工程系统理论与面向对象方法的结合点。通过对本课程的学习，可以巩固软件工程有关的基本理论知识，提高计算机软件设计的理论水平，培养理论分析能力。

本书适用于软件工程专业专科学校，同时可供于对面向对象软件工程与建模方法有所了解的软件从业人员参考。

图书在版编目(CIP)数据

面向对象软件工程与 UML 实践教程/杨林，叶亚琴，方芳编著.—北京：科学出版社，2015.1
　(卓越工程师计划：软件工程专业系列丛书)
　ISBN 978-7-03-042625-3

Ⅰ.①面…　Ⅱ.①杨…　②叶…　③方…　Ⅲ.①面向对象语言-程序设计
Ⅳ.TP312

　　中国版本图书馆 CIP 数据核字(2014)第 277695 号

责任编辑：张颖兵　闫　陶/责任校对：肖　婷
责任印制：张　伟/封面设计：苏　波

科 学 出 版 社 出版
北京东黄城根北街 16 号
邮政编码：100717
http://www.sciencep.com

北京凌奇印刷有限责任公司 印刷
科学出版社发行　各地新华书店经销
*
开本：787×1092　1/16
2015 年 1 月第 一 版　印张：15 3/4
2023 年 6 月第八次印刷　字数：330 000
定价：55.00元
(如有印装质量问题，我社负责调换)

前　言

大型的、复杂的软件系统的开发是一项工程,必须按工程学的方法组织软件的生产和管理,必须经过分析、设计、实现、测试、维护等一系列软件生命周期阶段。这是人们从软件危机中获得的最重要的经验。只有在分析和设计阶段建立了良好的系统模型,才有可能保证工程的正确实施。

UML 是一种用于软件密集型系统进行可视化、详述、构造和文档化的建模语言,主要适用于分析与设计阶段的系统建模。UML 最主要的特点是表达能力丰富,可以说 UML 对系统模型的表达能力超出了以往任何一种 OOA&D 方法。UML 的问世受到了计算机软件界的广泛重视,美国等国家已有大量的软件开发组织使用 UML 进行系统建模,我国软件界也有大量研究人员和技术人员在学习和研究 UML。

《面向对象软件工程与 UML 实践教程》一书的推出希望能够将软件生命周期阶段各项活动与 UML 建模更加紧密地进行结合。本书包括 10 章。第 1 章主要介绍了面向对象软件工程的知识,从软件工程的概念和发展、软件生命周期模型到面向对象软件工程的概念。第 2 章介绍了 UML 的历史、概念、模型观点和组成。第 3 章讲解需求分析和用例建模,介绍需求流中需求分析的任务和过程,探讨了用例模型和用例建模方法。第 4 章讲解系统分析与静态建模,介绍了系统分析阶段的任务,结合系统分析阶段任务介绍了包图、类图模型,重点讲解了类之间的关系。第 5 章从动态建模的交互模型的角度,结合交互模型,介绍了顺序图和协作图模型以及二者的比较。第 6 章从动态建模的状态模型的角度,结合状态模型,介绍了状态图和活动图以及二者的比较。第 7 章从系统体系结构建模的角度,从系统物理实现的角度介绍了构建图和部署图模型。第 8 章介绍了常用的设计模式。第 9 章以电子商城系统建模为例子进行案例分析,使用前面学习过的各种 UML 模型对此案例进行建模,并辅以 RSA 的建模效果。第 10 章详细介绍了如何使用 RSA 进行系统建模,从 RSA 的安装到各种模型的创建都给予了具体的阐述。

本书深入浅出地对 UML 各种模型进行讲解,以生动的例子穿插于大量概念的解释当中。侧重于实践和应用,某些章节附有习题对重点和难点内容进行练习。在阅读本书前,应该已经具有面向对象程序设计的基本知识。

在本书的撰写过程中,得到了周顺平教授的指导和帮助,在此特别感谢研究生申娇娇,她参与了本书资料的整理、文字校对和图表绘制工作。感谢软件工程系诸位同仁的共同努力。

本书的内容和体系还在不断完善之中。对本书存在的不足之处,恳请专家、学者和读者批评指正,提出宝贵意见。

杨　林

2014 年 4 月

目　　录

第1章 面向对象软件工程概述

1989 年，Humphrey 提出软件开发的历史就是软件规模逐渐变大的历史，最初，少数几个人就可以编写小的程序，但软件规模很快就变得让他们无法应付。

于是，1968 年在德国召开的北大西洋公约组织(North Atlantic Treaty Organization, NATO)会议上首次提出了"软件工程"概念，希望用工程化的原则和方法来克服软件危机。与此同时出现了各种不同的软件生命周期模型来实践软件工程原则。最终，随着面向对象技术的发展，将面向对象思想与软件工程相结合成为当前软件开发组织的一种主流选择。

1.1 软件工程的概念与发展

从 20 世纪 40 年代计算机出现以来，计算机技术开始蓬勃发展，到现在软件已经在各个领域得到了广泛的应用，并在各个专业领域和人们的日常生活中扮演着重要的角色。

在 20 世纪 40～60 年代的 20 多年时间里，人们对软件开发的理解就是编制程序，并且编程是在一种无序的、崇尚个人技巧的状态中完成的。从 20 世纪 60 年代中期到 70 年代中期是计算机系统发展的第二个时期，在这一时期软件开始作为一种产品被广泛使用，出现了"软件作坊"专职应别人的需求写软件。软件开发的方法基本上仍然沿用早期的个体化软件开发方式，但软件的数量急剧膨胀，软件需求日趋复杂，维护的难度越来越大，开发成本非常高，而失败的软件开发项目却屡见不鲜。以前可以应付小的软件开发的方法，随着软件规模的增长，参与项目开发人员的增多，软件开发过程变得难以控制，软件危机爆发并愈演愈烈，使许多软件开发组织无法自保。

因此，软件过程管理成为一个令软件组织头疼的问题，如何能够科学地完成软件的生产过程则成为软件组织非常关心的话题。首先了解软件开发演变过程中软件危机的产生原因。

(1) 人们对于软件概念与范畴的理解。人们对于软件这个概念的理解在发展和变化。早期软件工程师崇尚个人英雄主义，整个软件开发通常处于一种无序的状态。他们大多认为编写程序就是软件开发的全部。这种观念随着软件规模的增大，会导致程序员对于文档的忽略与不重视，使软件开发产品不健全与维护困难。同时导致软件进度、成本控制方面的其他问题。直到 20 世纪 60 年代初期，Barry Boehm 提出软件是程序以及开发、使用和维护程序所需要的所有文档。这时许多软件工程师逐步认识到编写程序只是软件开发的一个阶段(10%～20%)，程序只是完整产品的一个组成部分。

(2) 软件的规模日益增长、设计日益复杂。近年来，计算机硬件取得了飞速的发展，20 世纪 70 年代的 CPU 还是一个雏形，仅有 2300 多个晶体管。而如今，由于制造技术越来越先进，其集成度越来越高，内部的晶体管数达到几百万个，并且由单核升至六核,由单线程扩充至十二线程。早期的内存芯片也只有 256 K,现在的 4 G 内存比原来足足增长了 16 000 多倍。硬盘容量也由早期的 5 M 提升到现在的以 T 为单位,增长了百万倍。同时,软件功能的扩充、软件体系的日渐庞大、软件效率的优化提高也都使软件规模迅速增长。无论是系统软件(操作系统、数据库系统等)还是应用软件(工具软件、办公软件、业务软件等)的规模都在成倍增长。以微软的 Visual Studio 软件开发环境为例,从几十兆规模增长至几百兆,再从几百兆增长至几吉,软件规模的增长无疑使软件开发的难度加大。

(3) 软件开发组织发生变化。在上述因素发生变化的同时,软件开发组织也在发生着变化。早期开发一款小型软件,可能 1～2 个开发人员就可以完成。然而随着软件规模的飞速增长,软件开发组织也在同比例增长,由单打独斗的状态改为一个团队若干开发人员共同研发一款产品。人员由一个变成团队协同开发,这种组织形式的转变,必然给软件开发的协同组织带来挑战。同时造成潜在的进度、成本和质量的问题。

上述因素相互影响,使得软件开发存在诸多问题。"软件危机"一词即指在软件开发和维护过程中遇到的一系列严重问题。软件危机具体表现在以下几方面。

(1) 对软件开发的成本估计不准确。

(2) 对软件开发的进度估计不准确。

(3) 软件产品质量很不可靠。

(4) 软件可维护性差,软件的文档资料不完整和不合格。

(5) 软件开发生产率不高,不能满足软件生产的需要。

软件危机的出现,促使人们不断对软件的特性和设计方法进行更深入地研究。1968 年 10 月,在德国的 Garmish 举行了 NATO 科学委员会(NATO Science Committee)会议,会议上首次提出了"软件工程"概念,希望用工程化的原则和方法来克服软件危机。会议成员均为专业人士,包括来自 11 个国家的 50 位软件工程师。会议中,尽管大部分讨论集中在有关软件设计、生产、实现、发行和服务的技术上,但还是有一些报告与众不同,提出了如"大型软件项目中难以满足进度和规范要求"这样的问题。这可能是人们首次认识到软件项目管理的重要性。毋庸讳言,与"进度和规范"相关的难题至今仍然困扰着人们。软件工程的出现就是为了解决这些问题。

概括起来,软件危机包含两方面问题:一是如何开发软件,以满足不断增长、日趋复杂的需求;二是如何维护数量不断膨胀的软件产品。

此后不久,国际上来自学术界、工业界和研究实验室的 22 位软件开发领袖聚集到 Hedsor 公园,这是英国伦敦附近的一个市政府休养所,重提 NATO 会议,并分析软件行业未来的发展方向。这些活动被认为是人们开始清醒地注意到即将到来的"软件危机"的标志性活动。

"软件危机"让人们开始对软件及其特性产生更深的认识,人们改变了早期对软件的不正确看法。早期那些认为是优秀的程序常常很难被别人看懂,通篇充满了程序技巧。现在人们普遍认为优秀的程序除了功能正确、性能优良之外,还应该容易看懂、容易使用、容易修改和扩充。

程序员开始摒弃以前的做法,转而使用更系统、更严格的开发方法。为了使控制软件开发和控制其他产品生产一样严格,人们陆续制定了很多规则和做法,发明了很多软件工程方法,软件质量开始得到大幅度提高。随着遇到的问题越来越多,规则和流程也越来越精细和复杂。

(1) 根据 Barry Boehm 的说法,软件工程(software engineering)是计算机程序设计和结构运行以及开发、运行和维护计算机程序所需的相关文档方面的科学知识的实际应用。

(2) IEEE 将它定义为关于软件开发、运行、维护和停用的系统化方法。

(3) Fritz Bauer 认为,软件工程是建立和使用一套合理的工程原则,以便获得经济的软件,这种软件是可靠的,可以在实际机器上高效地运行。

综合以上定义,可以反映软件项目经理的观点:软件工程是通过科学知识和过程的实际应用,进行软件开发、运行、维护和停用的严格的系统化方法,它是指导计算机软件开发和维护的工程科学,采用工程的概念、原理、技术和方法来开发和维护软件,目的是生产出能如期交付、在预算范围内、满足用户需求、没有错误的软件产品。

软件工程发展到今天,许多软件组织的软件开发具有以下特点:①软件规模大;②软件开发的方法多,出现了大量的软件工具支持;③软件开发规范化并趋于标准化;④软件维护更加容易;⑤更加注重软件开发的管理。这一切都得益于软件危机的爆发和人们对于软件工程孜孜不倦的研究与实践。

1.2　软件生命周期模型

在认识到软件对人类生活的重要影响之后,人们便着手改进软件开发设计过程。描述软件开发设计中发生时间序列的软件生命周期(Software Life Cycle,SLC)就是其中一个。

生命周期方法学是从时间角度对软件开发和维护的复杂问题进行分解。生命周期模型是对在构建一个软件产品时应完成的步骤的描述。因为执行一系列较小的任务总是比执行一个大的任务容易,因而将整个生命周期模型划分为一系列较小的步骤,称为阶段。对某个具体的软件产品所做的一系列实际步骤,从概念开发到最终退役,称为该产品的生命周期。

软件生命周期的定义和关于其存在的讨论已经成为软件行业中许多论坛和出版物的主题。20 世纪 70 年代后期,出现了这样的说法:"不要生命周期,我不想这样!"尽管人们各持己见,但一致认为,软件开发过程要有文档说明。1970 年,Royce 确定了软件生命周期中的几个典型阶段。Royce 和 Barry Boehm 提出,开发过程中,在每个阶段控制进入和退出点,将会改进软件质量,提高效率。例如,在确定了详细需求之后,再设计软件模块接口,可以减少重复劳动。

在理想世界中,软件产品的开发流程就是"需求—分析—设计—实现"。首先明确客户需求,然后进行分析。当分析制品完成后,就从事设计,然后是整个软件产品的实现,最后将该软件安装在客户的计算机上。然而,软件开发在实践中有很大程度的不同,有两个原因:①软件专业人员是人,因此会犯错;②当软件正在开发时客户的需求会发生改变。

因此为了更好地进行软件开发,出现了多种生命周期模型。

软件生命周期模型主要有瀑布生命周期模型、迭代与递增模型、快速原型开发生命周期模型和螺旋生命周期模型等。

1.2.1　瀑布生命周期模型

1970 年 Royce 首次提出瀑布模型。瀑布模型是最基本的和最有效的一种可供选择的软件开发生命周期模型,直到 20 世纪 70 年代末,大多数软件组织都使用一种称为瀑布模型的生命周期进行软件开发。

该模型的核心思想是按工序将问题化简,将功能的实现与设计分开,便于分工协作,即采用结构化的分析与设计方法将逻辑实现与物理实现分开。瀑布模型将软件生命周期划分为软件计划、需求分析和定义、软件设计、软件实现、软件测试、软件运行和维护 6 个阶段,规定了它们自上而下、相互衔接的固定次序,如同瀑布流水逐级下落,如图 1-1 所示。

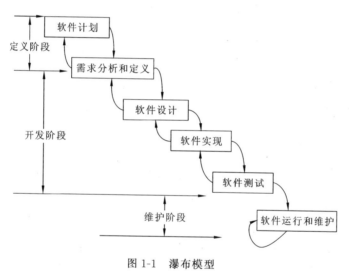

图 1-1　瀑布模型

瀑布模型具备如下几个关键特点。

(1) 各个阶段的结束认定严格。在任何阶段的文档完成并且该阶段的产品被软件质量保证小组认可之前,该阶段不能认为结束。每一个阶段都必须定义明确的产出物和验证准则。瀑布模型在每一个阶段完成后都需要组织相关的评审和验证,只有在评审通过后才能够进入下一个阶段。

(2) 各个阶段有明确的产出要求。由于需要对每一个阶段进行验证,瀑布模型要求每一个阶段都有明确的文档产出。

(3) 各个阶段具有严格依赖关系。对于严格的瀑布模型每一个阶段都不应该重叠,而应该是在评审通过,相关的产出物都已经建立基线后才能够进入下一个阶段。

(4) 各个阶段都包含测试。测试不是仅在产品建造完成后才能进行的独立阶段,也不是仅在每个阶段结尾时进行。相反,测试应在软件过程中连续进行。特别是在维护期间,必须确保修改的产品版本不仅仍能做先前版本所做的,而且能满足客户提出的任何新的需求。

如果在设计期间发现了一个需求中的差错引起的差错,顺着虚线向上的箭头,软件开发人员可以回溯设计到分析并由此到需求,并在那里进行必要的修改。然后,向下移到分析,改正规格说明文档以反映对需求的改动,并顺次纠正设计文档。设计工作现在可以在原来差错的地方继续进行。这种严格的过程模型能够确保文档与程序的良好一致性,提升软件的可维护性,极大地避免了程序修改而对应的需求及设计文档并没有及时更新的问题。

然而,瀑布模型是文档驱动的事实也是其弱点:客户通常没有阅读软件规格说明的习惯,而且规格文档通常是以一种客户不熟悉的风格写成的。但是,客户不管是否真的明白,都会签署规格说明文档的。并且,客户只有在整个产品完成编程之后才首次看到能够工作的产品。这样,就容易导致生产的产品并不是客户想要的情况。

特性的蔓延即连续地向需求中加入小的甚至琐碎的特性。该行为对软件健康有害。然而,一个软件产品是现实世界的一个模型,而现实世界是不断改变的。故特性蔓延问题又是无法避免的,因此生命周期模型应该考虑如何适应移动目标。

1.2.2　迭代与递增模型

递增迭代是常采用的软件开发生命周期模型。迭代与递增分别是软件开发的两个固有特性。

(1) 迭代。首先,人们要认识到无法仅通过一次过程就开发出理想而完美的软件产品,一个经得起考验的软件产品通常是经过若干次迭代过程才逐步趋于完美的。即一个软件会有多个版本,每个版本都比前一个版本离用户的真正需求更近一步,最终构建出一个满意的版本。迭代是软件开发的一个固有特性,瀑布模型亦符合迭代的特性。

(2) 递增。递增是软件工程的另外一个固有特性。当信息量过大时,人们的处理办法就是逐步求精法则,即将精力集中于最重要、最急迫的事情上面,而将其他事情后延。按照事情的重要性顺序依次进行处理。对于软件制品也是一样的道理,无法一次完成整个软件制品的开发,而是按照功能的重要性和作用依次排序,将软件制品分成若干阶段完成,从最核心、最基础的模块开始,逐步加入新的功能片段,直至所有功能点全部完成。也就是说软件产品是一块一块递增构造起来的。

递增和迭代有区别但两者又经常一起使用。假设现在要开发 A、B、C、D 四个大的业务功能,每个功能都需要两周的时间。对于增量方法可以将四个功能分为两次增量来完成,第一次增量完成 A、B 功能,第二次增量完成 C、D 功能;而对于迭代开发则是分两次迭代来开发,第一次迭代完成 A、B、C、D 四个基本业务功能但不含复杂的业务逻辑,而第二次迭代再逐渐细化补充完整相关的业务逻辑。在第一个月过去后采用增量方法 A、B 全部开发完成而 C、D 还一点都没有动;而采用迭代开发 A、B、C、D 四个的基础功能都已经完成。

该模型强调的每次迭代都包含了需求、设计、开发和测试等各个过程,而且每次迭代完成后都是一个可以交付的原型。在每次迭代过程中仍然要遵循需求→设计→开发的瀑布过程。迭代也可以理解为版本,随着版本号的不断增加,意味着产品的日臻完善。当然每个版本号对应的版本都是可交付使用的版本。递增可以理解为项目建设的不同阶段：对于一个真实的系统通常意味着项目一期交付哪些内容，项目二期在一期的基础上增补交付哪些内容。项目 N 期交付后则整个项目的产品交付完成。每期项目交付的都是一个可以使用的产品版本。

　　在理解了迭代与递增两个软件特性之后，可以想到迭代与递增模型的样子：它是将迭代与递增结合使用的一种模型。简单地说，软件产品是一块一块制造的（递增），每个增加经过多个版本（迭代）。

　　图 1-2 反映了迭代与递增模型的内涵。该图用四个递增（A、B、C、D）显示了软件产品的开发过程。横轴代表时间，纵轴代表工作量（人时）。这里介绍生命周期中五个核心的工作流：需求工作流、分析工作流、设计工作流、实现工作流和测试工作流。每条曲线覆盖的阴影区是某一种工作流的总工作量。可以看到每个递增区间中各种工作流工作量的分布情况，也可以看出每种工作流随着时间的推移其工作量的变化趋势。可以发现在生命周期的早期，需求工作量占主体地位，随着时间的推移工作量重心逐渐依次转向分析流、设计流、实现流和测试流。

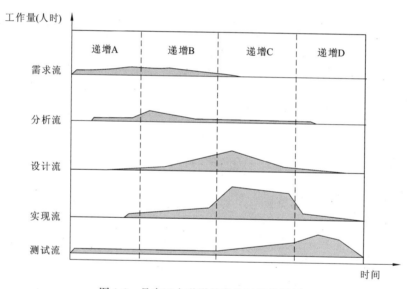

图 1-2　具有四个递增的产品过程分析图

　　从图 1-2 中可以理解一个软件产品分解为增量的一种可能的方法。然而该图并没有精确地描述一个软件产品是如何开发的；图 1-3 从软件开发的整个生命周期中各工作流的工作实施角度介绍了迭代增量开发方法。迭代与递增模型的每个迭代可以看做一个较小但完整的瀑布模型。迭代与递增模型实际上就是连续的瀑布模型。

　　迭代与递增模型的优点表现在如下几方面。

　　（1）降低软件质量保证的成本。为软件质量保证提供了更多的机会。每个迭代都会有测试流，提供检查机会，而不会等到所有功能开发完成后再去检查。越早检查就会越早发现错误，那么修正错误的成本就会越低，因此节省了经费。

　　（2）在生命周期早期可检验软件体系设计的合理性与健壮性。前面提到移动目标是

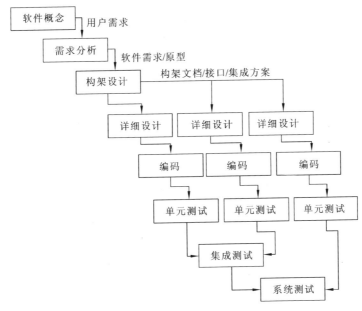

图 1-3　递增和迭代模型图

现实世界的特性,即现实世界总是在发生变化的。软件体系结构设计的合理与否意味着软件产品是否能适应改变和扩充,而这一点对于客户是非常重要的。迭代与递增模型允许在某个中间迭代阶段就可以看清楚软件体系结构是否合理、是否健壮。一个健壮的结构应能够很大程度上适应这些改变,而不是进行大量的重新构建。

　　业界比较标准的增量模型往往要求在软件需求规格说明书全部出来后再进行后续设计增量开发。同时每个增量也可以是独立发布的小版本。由于系统的总体设计往往对一个系统的架构和可扩展性有重大的影响,所以最好在架构设计完成后再开始进行增量,这样可以更好地保证系统的健壮性和可扩展性。

　　(3) 较早地减轻风险。迭代递增模型可以提供更多的机会尽早地发现风险,从而决定如何降低、规避风险,甚至可以决定是否要取消项目。而不用等到项目产品全部开发完成后才发现风险。对于风险的消除,增量和迭代模型都能够很好地控制前期的风险并解决。但迭代模型在这方面更有优势,迭代模型更多的可以从总体方面系统地思考问题,它最早就可以给出相对完善的框架或原型,后期的每次迭代都是针对上次迭代的逐步精化。

　　(4) 总是可以拥有可工作的版本。迭代递增模型使人们总是可以拥有一个可以工作的版本,这一点是用户非常喜欢的。在每个迭代结束,每个递增结束的时刻都会拥有可以工作的版本,而不是等到全部产品开发完成后才可以集成、组装产品。这样客户总是可以对软件产品保持清晰的了解,减轻客户的焦虑。

　　迭代周期的长度跟项目的周期和规模有很大的关系。小型项目可以一周一次迭代,而对于大型项目则可以 2～4 周一次迭代。如果项目没有一个很好的架构师,那么很难规划出每次迭代的内容和目标,验证相关的交付和产出。因此迭代模型虽然能够很好地满足与用户的交付和需求的变化,但却是一个很难真正用好的模型。

1.2.3　快速原型开发生命周期模型

快速原型,顾名思义,它的基本特征就是体现一个快字,它是一个与产品子集功能相同的工作模型。开发者应该尽可能地建造原型,以加快软件开发进程。也就是说,原型是预期系统的一个可执行版本,反映了如功能、计算结果等系统性质的一个选定的子集,它不必满足目标软件的所有约束。例如,一个目标产品用于计算任意给定多边形的面积,那么它的快速原型可能进行计算并显示答案,但不对输入数据进行合理性检查和确认。

快速原型开发生命周期模型的第一步是建造一个快速原型,让客户对这个快速原型进行使用与评价。一旦客户认为快速原型确实满足了大多数要求,开发者就可以拟制规格说明文档,并对产品将能够满足客户的实际要求建立起信心。一旦建立原型,软件过程就按照图 1-4 进行。

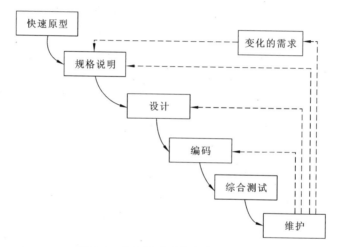

图 1-4　快速原型开发生命周期模型

与瀑布模型相比,快速模型通常采用基于构件的开发方法复用已有的程序结构或使用可复用构件或创建可复用的构件。在所有情况下,均使用自动化工具辅助软件创造。很显然,加在一个快速模型项目上的时间约束需要一个可伸缩的范围。如果一个业务能够被模块化使其中每一个主要功能均可以在 3 个月内完成,则就是一个快速的候选者。每一个主要功能可由一个单独的快速应用开发组实现,最后集成起来形成一个整体。

该原型的唯一用途是确定客户真正的需要是什么,一旦确定下来,将丢弃快速原型的实现。因此,快速原型的内部结构无关紧要,最重要的是快速建造原型并快速修改,以反映客户的需求。速度是快速原型的最大目标。

瀑布模型本质上呈现为一种带有反馈环的线性关系,各阶段存在着严格的顺序性和依赖性;而快速原型开发模型整体上虽是线性的,反馈环在这里却不太需要。这是因为可以通过建立原型,和客户进行更好的沟通将一些模糊需求澄清。通过实际运行原型,提供了用户直接评价系统的方法,增加了信息的反馈,减少误解,最终有效提高软件系统的质量。

1.2.4　其他生命周期模型

1. 螺旋模型

1988 年，Barry Boehm 正式发表了软件系统开发的螺旋模型。螺旋模型是遵从瀑布模型的，即需求→架构→设计→开发→测试的路线。螺旋模型最大的价值在于整个开发过程是迭代和风险驱动的，将瀑布模型的多个阶段转化到多个迭代过程中，以减少项目的风险。

图 1-5 螺旋模型的每一次迭代都包含了以下六个步骤。

（1）决定目标、替代方案和约束。

（2）识别和解决项目的风险。

（3）评估技术方案和替代解决方案。

（4）开发本次迭代的交付物和验证迭代产出的正确性。

（5）计划下一次迭代。

（6）提交下一次迭代的步骤和方案。

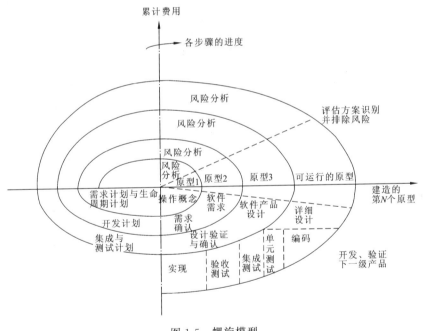

图 1-5　螺旋模型

螺旋模型实现了随着项目成本投入不断增加，风险逐渐减小，加强项目的管理和跟踪的目的，在每次迭代结束后都需要对产出物进行评估和验证，当发现无法继续进行时可以及早终止项目。

2. 并发开发模型

并发开发模型也称为并发工程，它关注多个任务的并发执行，表示为一系列的主要技术活动、任务及其相关状态。并发过程模型由客户要求、管理决策、评审结果驱动，不是将软件工程活动限定为一个顺序的事件序列，而是定义一个活动网络，网络上的每一个活动均可与其他活动同时发生。这种模型可以提供一个项目的当前状态的准确视图。采用并发开发模型的软件过程中一个活动的示意如图 1-6 所示。

3. 喷泉模型

喷泉模型是一种以用户需求为动力，以对象为驱动的模型，主要用于描述面向对象的软件开发过程。该模型认为软件开发过程自下而上周期的各阶段是相互重叠和多次反复的，就像水喷上去又可以落下来，类似一个喷泉。各个开发阶段没有特定的次序要求，并且可以交互进行，可以在某个开发阶段中随时补充其他任何开发阶段中的遗漏。采用喷泉模型的软件过程如图 1-7 所示。

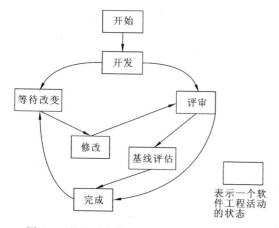

图 1-6　并发开发模型的软件过程中一个活动

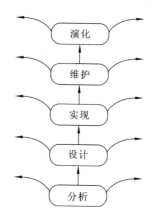

图 1-7　采用喷泉模型的软件过程

4. 敏捷开发模型

敏捷开发是一种以人为核心、迭代、循环渐进的开发方法。在敏捷开发中，软件的项目构建被切成多个子项目，各个子项目的成果都经过测试，具备集成和可运行的特征。简言之，就是把一个大项目分为多个相互联系，但也可独立运行的小项目，并分别完成，在此过程中软件一直处于可使用的状态。

敏捷软件开发有一些必须要遵循的原则。

（1）最优先的是通过尽早地和不断地提交有价值的软件使客户满意。

（2）欢迎变化的需求，即使该变化出现在开发的后期，为了提升对客户的竞争优势，敏捷软件开发过程利用变化作为动力。

（3）以几周到几个月为周期，尽快、不断地发布可运行软件。

（4）在整个项目过程中，业务人员和开发人员必须每天在一起工作。

（5）以积极向上的员工为中心建立项目组，给予他们需要的环境和支持，对他们的工作予以充分的信任。

（6）项目组内效率最高、最有效的信息传递方式是面对面的交流。

（7）测量项目进展的首要依据是可运行的软件。

（8）敏捷过程提倡可持续的开发。

（9）应该时刻关注技术上的精益求精和好的设计，以增加敏捷性。

（10）简单化是必不可少的，这是尽可能减少不必要工作的艺术。

（11）最好的构架、需求和设计出自自我组织的团队。

（12）团队要定期反思怎样才能更加有效，并据此调整自己的行为。

5. 微软产品生命周期模型

微软产品生命周期模型（Product Cycle Model，PCM），是微软开发产品及服务的模式，其中包括计划、设计、实现、稳定和发布等阶段。微软产品生命周期模型是一个迭代非线性的过程，计划会不断进行重新评估，以便调优。

在 PCM 的计划阶段，团队成员评估产品及服务的市场机会。其中团队成员研究客户对该产品及服务的需求，依赖产品及服务的远景规划定义产品及服务的功能和技术范围，并且制定详细的过程。在设计阶段，团队成员要从客户角度思考如何设计产品及服务。在实现阶段就依赖前两个阶段的工作，开发团队在实现阶段开始构建所需要的产品及服务。在稳定阶段，开发团队需要确认产品及服务是否符合认可的规格。在发布阶段完成产品正式推出前的所有准备工作。

1.2.5　生命周期模型的比较与选择

前面已经讨论了多种不同类型的软件生命周期模型，本节将对各种生命周期模型继续对比分析，表 1-1 特别考察了它们的优缺点。

表 1-1　生命周期模型优缺点对比

生命周期模型	优　　点	缺　　点
瀑布生命周期模型	纪律性强制的方法，文档驱动	交付的产品可能不符合客户要求
迭代与增量模型	与现实世界软件开发最接近的模型，蕴含统一过程方法	自始至终开发者和客户纠缠在一起，直到完全版本出来
快速原型开发模型	确保交付的产品符合客户要求	达不到质量要求产品可能被抛弃
螺旋模型	风险驱动	适合较小规模的开发项目
并发开发模型	可用于所有类型的软件开发，并可随时查阅开发状态	暂时无
喷泉模型	可以提高软件项目开发效率，节省开发时间	在开发过程中需要大量的开发人员，因此不利于项目的管理
敏捷开发模型	迭代开发，更快得到用户/客户的反馈	对开发团队人员的综合素质要求高
微软生命周期模型	集合了众多成功项目的开发经验	对方法、工具和产品等方面论述不够全面

每个软件开发组织都需要为其组织、管理、雇员和软件过程确定合适的生命周期模型，而且可根据当前开发的具体产品特性改变模型。这里结合上述生命周期各自的特点介绍在生命周期模型选择上的几点总结。

（1）在前期需求明确的情况下尽量采用瀑布模型或改进型的瀑布模型。

（2）在需求不稳定的情况下尽量采用迭代与递增模型。

（3）在用户无信息系统使用经验，需求分析人员技能不足的情况下一定要借助原型。

（4）在不确定性因素很多，很多东西前面无法计划的情况下尽量采用迭代与递增模型和螺旋模型。

（5）在资金和成本无法一次到位的情况下可以采用增量模型,软件产品分多个版本发布。

（6）对于完全多个独立功能开发可以在需求阶段就分功能并行,但每个功能内都应该遵循瀑布模型。

（7）对于全新系统的开发必须在总体设计完成后再开始增量或并行。

（8）在编码人员经验较少的情况下建议不要采用敏捷或迭代等生命周期模型。

（9）增量、迭代和原型可以综合使用,但每一次增量或迭代都必须有明确的交付和出口准则。

1.3　面向对象思想

开发一个软件是为了解决某些问题,这些问题涉及的业务范围称为该软件的问题域。在面向对象的方法出现以前,都是采用面向过程的思想解决问题。但是随着计算机硬件系统的高速发展,计算机的性能越来越强,用途也越来越广泛,相应处理的问题日益复杂,程序也就越来越复杂和庞大。在很长一段时间里,人们分析、设计、实现一个软件系统的过程和认识一个系统的过程存在差异。于是,面向对象的方法应运而生。

1.3.1　面向对象的提出背景

在 1975 年以前,大多数软件组织没有专门的开发技术,每个人以自己独特的工作方式开展工作。在 1975~1985 年,传统和结构化的发展使这种情况有了突破性进展。传统和结构化的开发技术包括结构化系统分析、数据流分析、结构化编程与测试。时间是最好的检验者,随着时间的推移,人们发现传统和结构化的方法仍旧存在不可回避的问题:一是随着软件规模的不断扩张,动辄就是几万行代码,几百万行代码也已经是非常稀松平常的软件规模,而传统的结构化方法不具有有效的扩展能力以应对当今软件产品的规模;二是由于传统的结构化设计方法自身的缺陷,产品交付后无力维护也是一个事实,大型软件使许多组织不得不投入巨额的花费用于软件的交付后维护。

分析造成传统的结构化方法对大规模软件力不从心的根本原因,还是传统技术要么是面向功能,要么是面向数据,这是对数据或者功能的肢解。在应对软件的扩展和变化时则显得能力有限。这也就是面向对象思想超越传统结构化方法的地方,将属性和方法结合起来,并且自然地融入对象的概念之中。

面向对象的核心思想即一切皆为对象,意思是所有的东西都是对象。可以从现实世界客观存在的事物出发,尽可能地运用人类的自然思维方式设计和构造软件。对象是一个自包含的实体,它包含了属于自身的数据和行为。而所谓的面向对象（Object-Oriented,OO）实际上就是针对对象进行编程。换句话说,软件开发者以现实世界中的事物为中心来思考和认识问题,并用人们易于理解的方式表达出来。

这种与传统的结构化方法相比具有变革性的方法使得:①交付后维护变得更加容易,因为其封装性,面向对象方法使维护变得更迅速、更容易,且极大减少了回归错误的出现;②软件的开发与设计更加容易,对象的思想与现实世界的存在体之间的映射关系更加自然,或者说从现实世界到概念世界的映射变得更加自然,这种软件产品中对象与现实世界中对应实物的紧密对应关系会导致高质量软件的出现;③封装性与复用性使软件开发和维护变得容易,良好的封装性有益于产生独立的设计单元,软件产品则是由许多较小的、较大程度上独立的单元组成的,降低了软件产品的复杂度,提高了软件产品的重用度。

很快人们便体验到了面向对象方法的好处。到 20 世纪 80 年代中后期,面向对象的软件设计和程序设计方法已发展成为一种成熟、有效的软件开发方法。

1.3.2　面向对象的几个重要概念

1.3.1 节提到功能易变、数据易变,那么基于功能和数据的设计方法自然就不稳定。而面向对象思想使用对象的概念将功能和数据都封装起来,这就使得不稳定因素被稳定包裹住了。20 世纪 90 年代初,有影响的面向对象方法有 50 多种。综合起来,主要有以下几点。

(1) 现实客观世界由对象组成。

(2) 相同的对象归并成类。

(3) 类具有继承、封装、多态的特性。

(4) 对象之间通过消息进行联系。

它能够使人们更好地认识客观世界、很好地适应需求变化、容易实现软件复用、系统易于维护和修改。本节对面向对象中几个重要的概念予以介绍。

封装性、继承性和多态性是面向对象方法的三大特征。

1) 封装

软件封装的概念几乎与软件本身一样历史悠久。早在 1940 年,程序员就注意到一些相同的指令集在同一个程序中出现多次。不久人们意识到这种重复的代码可以放到程序的某个地方,并可以从主程序的不同地方通过一个名字来激活。此时,指令的封装被术语化了。

面向对象的封装是指把相关的数据(属性)和这些数据的操作结合在一起,组成一个独立的对象。每个对象都包含它进行操作所需要的所有信息,这个特性称为封装。因此对象不必依赖其他对象完成自己的操作。其内部信息对外是隐藏的,用户只能看到对象封装界面上的信息,不允许外界直接访问对象的属性,只能通过有限的接口与对象发生联系。只有对象内部的方法才能访问和修改该对象的属性。这样采用封装性就达到了信息隐蔽的效果。封装的好处有:良好的封装能够减少耦合;类内部的实现可以自由地修改;使每个类都具有清晰的接口。

以居住的房间为例,室内的家具和陈设被厚厚的墙体封装,房间的主人拥有欣赏它们的权限,而外面的人则无法获得房间内部的信息。这就达到了保持房间主人隐私的效果。然而房间具有不同的功能,可以会客,可以吃饭,可以睡觉等,可以将其设计为房间的方法。房间内部的陈设主人可以随意变动,也就是类内部的实现可以自由地修改。就把房间这个对象封装好了。

2) 继承

如果你写了一个类 A,后来又发现一个类 B,它与类 A 的属性和方法都是一样的,但增加了一些特殊的属性和方法。这时你可能会考虑简单地复制 A 的所有属性和操作,然后将其放到 B 中。但这种方法不仅增加了额外的工作，而且复制本身也存在维护的麻烦。更好的方法是让类 B 向类 A"请求使用其操作"，这种方法称为继承。从本质上说，B 与 A 之间具备着一种继承与被继承的关系。

面向对象思想中的继承可以用"is a"关系来理解。两个对象 A 和 B，对象 A 是 B，则表明 A 可以继承 B。"狗是哺乳动物"说明了狗与哺乳动物之间的继承关系。继承是指子类可以自动拥有其父类的全部属性与操作，即一个类可以定义为另一个更一般的类的特殊情况。定义子类时只要声明自己是某个父类的子类即可，这样可以把主要精力集中在如何定义自己的属性和操作上，大大提高了软件的复用性。当然继承者还可以理解为是对被继承者的特殊化，因为继承者除了拥有被继承者的特性之外，还有拥有被自己特有的个性。狗一定具有哺乳动物没有的特性，如吃骨头。

继承具有如下几个特点：①子类拥有父类非私有的属性和功能；②子类可以拥有特异的属性和功能，即扩展父类没有的属性和功能；③子类可以重写父类的功能。总之，当两个类之间具备"is a"关系时，就可以使用继承建模。

3）多态

多态是面向对象的第三大特性。polymorphism（多态性）一词最初来源于希腊语 polumorphos，含义是具有多种形式或形态的情形。多态性是指同一个消息被不同的对象接收时，可产生不同的动作或执行结果。多态性是一种方法，这种方法使得在多个类中可以定义同一个操作或属性名，并在每个类中可以有不同的实现。多态性是一种特性，这种特性使得一个属性或变量在不同的时期可以表示不同类的对象。消息的发送者不必知道接受消息的对象所属的类，却可以使正确的对象执行该消息。

多态可以使不同的对象执行相同的动作，但还是需要在类内部实现该动作的代码。为了使子类的方法完全替代父类的方法，父类需要将该成员声明为虚函数，子类对该方法进行重写则可以替换为自己的实现。由于多态的特性，有时不可能在编译期间确定实例属于哪个类，应该执行哪个实例的操作，要到运行期间才知道。如果到运行期间，当实际发送消息时才进行实例连接，这称为动态绑定。动态绑定技术是实现多态性的一种技术。

多态性机制不但为软件的结构设计提供了灵活性，减少了信息冗余，而且显著提高了软件的可复用性和可扩充性。

1.4　面向对象软件过程

软件过程是生产软件的方式。软件过程包含生命周期模型、方法学、工具、技术和人的因素。不同的软件组织有不同的软件生产过程，为什么不同的软件开发组织采用的软件开发过程会有如此大的差异？因为它们对待文档、测试、交付后维护、开发等不同内容的态度不同，而对于软件工程技能的缺乏将导致它们继续使用古老的方法进行软件开发。无论各种软件过程如何不同，软件开发过程始终围绕着五个核心工作流展开，即需求流、分析流、设计流、实现流和测试流。

1.3 节提到面向对象方法的出现和发展，如今它已经成为主流软件设计方法。而今天最主要的面向对象方法就是统一过程。统一过程是迄今为止将一些大型问题作为一些较小、较独立的子问题解决的最好办法。它提供了递增和迭代的一个框架,这个机制可以很好地解决大型软件产品的复杂性。就像统一方法取代了传统方法一样,将来统一过程注定会被更好的方法超越,然而目前它仍然是可用的最好方法。

1.4.1　统一过程

统一过程的提出始于统一建模语言。在 20 世纪 90 年代中期时,已经有超过 50 种的面向对象方法,同时也存在多种设计格式。面对众多表示面向对象思想的流派与方法,用户难以找到一种满足要求的建模语言,于是就加剧了方法战争。第一次成功合并和替换现存的各种方法的尝试始于 1994 年在 Rational 软件公司 Rumbaugh 与 Booch 的合作。在 1995 年 Jacobson 也加入了他们开始一起工作。他们共同致力于设计统一建模语言。三位最优秀的面向对象方法学的创始人合作,为这项工作注入了强大的动力,打破了面向对象软件开发领域内原有的平衡。当 Rumbaugh、Booch 和 Jacobson 联手推出统一建模语言(Unified Modeling Language,UML)时,几乎一夜之间,全世界都在使用 UML,而且迅速成为无可争辩的表示面向对象软件产品的标准建模符号。于是他们希望再努力合作提出一个完整的软件开发方法,将各自独立的方法统一起来,它最初称为"Rational 统一过程"(Rational Unified Process,RUP),后面在他们的有关 RUP 的书中使用"统一软件开发过程"(Unified Software Development Process,USDP),本书中简称为"统一过程"。

统一过程具有三个基本特性,它们是:①用例和风险驱动;②以构架为中心;③迭代和增量的。

本书将在第 3 章深入学习用例,但现在可以说用例是捕获需求的方法。因此,准确地说,统一过程是需求驱动的。

开发软件系统的统一过程方法是开发和创建一个健壮的系统构架。构架描述了策略:系统是如何被分成组件,这些组件如何交互和部署在硬件上。显然,高质量系统构架将产生高质量系统,而不是很少谋划的、堆砌在一起的源代码的集合。

最后,统一过程是迭代和增量的。统一过程的迭代表示把项目划分成小的子项目(迭代),它提交系统的功能块或者增量,最终产生完整的功能系统。换言之,通过逐步精化过程构造系统以达到最终目标,这同古老的瀑布生命周期中或多或少具有严格序列的分析、设计和构造相比有很大的不同。

也就是说,方法是软件过程的一部分。而统一过程是现在最主要的面向对象方法。统一过程并不是具体的一系列步骤,无法做到按照这样的操作就可以构建一个软件产品。事实上,因为软件产品的类别具有广泛的多样性,也就不存在"什么都适用"的方法。

统一过程应视为一种自适应的方法学。也可以这样理解,要根据具体开发的软件产品进行修改。

1.4.2　统一过程的核心工作流

上面已经介绍了什么是统一过程,现在来讨论统一过程的核心工作流。统一过程有五个核心工作流——需求流、分析流、设计流、实现流和测试流,如图 1-8 所示。

图 1-8　统一过程核心工作流流程

1）需求流

需求流的目的是让开发组织确定客户的需求。软件开发是很昂贵的过程，当客户认为一个软件产品能使企业获利或认为该项目在经济上是划算的，就会为该软件产品找一个开发组织。这样，开发过程通常就开始了。

开发小组的第一个任务是对应用领域获得基本的了解。在客户和开发者之间举行的初次会谈中，客户会按照他们头脑中的概念描述产品。从开发者的观点，客户的描述可能是模糊的、不合理的、矛盾的甚至是不可能实现的。在这个阶段，开发小组的任务是确定客户的需求并从客户的角度找出存在的限制条件。最初对客户需求的调研有时称为概念探究。在客户小组和开发小组随后的会谈中，会对提出的软件产品的功能不断提炼并分析技术上的可行性和经济上的合理性。

需求流阶段的工作看似简单，但是在实际执行期间完成得并不好。造成这种情况的主要原因是系统分析员与用户之间的交流有问题，从而造成用户需求不稳定、缺乏完整性，甚至是错误的需求。其次用户可能自己也不了解其真正需要的是一个什么样功能的系统。例如，如果客户运营的是一家不盈利的零食连锁店，客户想要一个财务管理信息系统，能够反映出销售、工资、应付款和应收款等情况。如果真正亏损的原因是货物丢失，那么这样的产品将不会有什么用处，在这种情况下，需要的是一个库存控制系统而不是财务管理信息系统。

鉴于上述情况并且考虑到大多数客户具有较少的计算机知识，为了更好地帮助软件人员将其所开发系统功能尽可能形象化，第 2 章会介绍利用 UML 图表帮助客户深入理解他需要的软件产品。

2）分析流

前面对需求流进行了分析，知道了大多数客户对计算机并不精通，因此需求流的制品必须用客户的语言表达，以此来保证需求流的输出能够被客户理解。但是所有的自然语言在某种程度上都不够精确，容易引起人们的误解，不利于产品设计的实现，从而产生了分析流。

分析流的目的是分析和提取需求。需求在用客户的语言表达后，为了确保后续工作的顺利进行还需要在分析流阶段用更精确的语言来表达。分析流在提高语言精度的同时还加入了更多的细节，这些细节对软件开发者至关重要。

规格说明文档对于测试和维护都是必需的。如果规格说明文档不精确，就不能确定规格说明是否正确，更不用说产品的实现是否满足规格说明的要求了。传统分析小组可能会犯的一个错误就是规格说明模糊，前面已经提到，模糊是自然语言固有的特性。不完备是规格说明的另一个问题，即可能会忽略一些相关的事实或需求。这种情况下可以使用 UML 减少这些问题的发生，这是由于 UML 图与对这些图表的描述不太可能产生模糊、不完备和矛盾。

人们可以开始制定详细计划的最早时间是规格说明文档完成的时候。在这之前,与项目有关的各方面还没有完全定下来,所以还不能够开始制定详细计划。对项目的某些方面,必须从一开始就正确地计划,但在开发人员确切地知道要建造什么之前,他们不可能制定项目各方面的所有计划。因此,当客户批准了规格说明文档之后,就可以开始准备制定软件项目管理计划了。计划的主要组成部分有可交付的东西、里程碑和预算。

3)设计流

在分析流中规格指明了产品的作用,接下来就是对产品的作用实现情况进行设计。实际上设计流和分析流没有明显的界限,设计流的目的就是对分析流的制品进行细化直至将材料细化到程序员可实现的状态。

在传统设计阶段,设计小组确定产品的内部结构。设计人员将产品分解成模块,它是与产品其他部分有明确定义的接口的独立代码段。必须详细定义每个模块的接口,也就是传递给模块的参数和从模块返回的参数。设计小组完成模块化分解以后,开始实施详细计划,为每个模块选择相应的算法和数据结构。在面向对象中,对象是一种特殊类型的模块。在分析流期间提取类并在设计流期间对它进行设计。

设计小组每一个设计决定都必须详细记录。这样在将来的产品改进中可以通过添加新的类或取代已存在的类来提高产品的性能,并且不影响整体设计。但通常设计人员并不关心这个问题,他们仅将当前的需求写入规格说明文档。另一方面,设计人员在设计中需要对产品进行合理的复杂度选择,使其在不必全部重新设计的基础上可以进行适当的扩展,如果设计人员尽善尽美地将所有可能都考虑进去,比较好的结果就是设计可以实现但是不实用,最差的结果是这个产品因为过于复杂而实现不了。

4)实现流

一般情况下,程序员拿到的是由设计阶段完成的需实现的模块详细设计,设计制品就成为程序员仅有的文档。因此实现流的目的就是用选择的语言对目标软件产品进行实现,包括以层次化的子系统形式定义代码的组织结构;以组件的形式(源文件、二进制文件、可执行文件)实现类和对象;将开发出的组件作为单元进行测试和集成由单个开发者(或小组)产生的结果,使其成为可执行的系统。

当程序员遇到问题时,他们通过询问设计人员弄清楚问题。但是单个程序员无法知道结构化设计是否正确,这样当将各个代码制品进行集成时,设计的缺陷就会整体体现出来。设计(以及其他制品)的正确性作为测试流的一部分进行检查。

5)测试流

在统一过程中,测试自始至终与其他工作流并行进行。测试的主要特征有两方面:一方面是每个开发者和维护者都要确保自己的工作是正确的,因此,软件人员要对自己开发或维护的每个软件制品进行测试、再测试;另一个方面是一旦软件人员确信一个制品是正确的,就将它交给软件质量小组进行独立测试。

测试流的性质随着被测试的制品的不同而不同,但对所有制品都至关重要的一个特性是可追踪性。

需求制品必须具有的属性是可追踪性,这样开发者能轻松地通过后来的制品向前追踪并确保它们是客户需求的真实反映。在设计的情况下,这就意味着设计的每部分都可

以与分析制品联系起来。一个前后有适当参照的设计为开发者和软件质量保证（SQA）
小组提供了有力工具，使他们能够检查产品设计是否与规格说明吻合，以及规格说明中的
每一部分是否能在产品设计中有所反映。

分析制品要经过仔细检查。因为如果交付软件中的一个主要的错误是由规格说明中
的错误引起的，那么发现这些错误就要等到软件产品安装在客户的计算机上并经客户使
用的时候。通过评审的方法来检查分析制品是比较好的，评审人员通过检查分析制品是
否存在错误来达到确定分析制品是否正确的目的。其中，分析小组和客户双方都会出席
评审会，会议通常由 SQA 小组成员主持。

在分析制品中，可追踪性为设计的每部分可以和分析制品相联系，起到了至关重要的
作用。同时当一个设计有了前后参照时，它就可以为 SQA 小组和开发者检查产品的设
计质量提供有力工具。设计评审和规格评审类似，在这个过程中，评审小组还应该为前一
个工作流中可能的错误查漏补缺。但是考虑到大多数设计具有较强的技术特性，因此客
户通常不再参加该阶段评审。

在实现制品中，每个组件都应该在实现的过程中对它们进行测试，之后由质量保证小
组进行单元测试，也就是对组件进行系统测试。其中，运行测试用例和代码审查都是检查
编程错误的成功技术。对一个组件编码完成后，就要进行集成测试和产品测试。集成测
试是为了检查组件组合的正确性，产品测试则是对产品功能进行整体测试。在测试的过
程中不仅要测试软件的正确性，还要测试软件的健壮性。最后将软件交付给客户，客户会
使用真实的数据对产品进行验收测试。

1.4.3　统一过程的各阶段

统一过程执行中执行的每一个步骤属于五个核心工作流之一，也属于四个阶段之一。
这四个阶段是开始阶段、细化阶段、构建阶段和转换阶段。

1）开始阶段

开始阶段的目标是明确提出的软件产品在经济上是否可行，确定系统边界并估计出
潜在的风险。

在开始阶段的需求流中要通过获得该领域的知识，并清楚地理解客户组织在领域中
的运作方式，从而建造一个业务模型。然后就是确定目标产品应包含的内容，即限定目标
产品的范围。在开始阶段通常不进行编码工作，但是偶尔在某些需要的情况下要测试提
议的软件产品的某些部分的可行性就会建立一个概念证明原型，这样就转到了实现流的
工作上。测试流在开始阶段是为了保证准确地确定需求。

文档是每个阶段的基本组成部分。开始阶段可交付的内容如下。

（1）领域的初始版本。

（2）业务模型的初始版本。

（3）需求和分析制品的初始版本。

（4）体系结构的初步版本。

（5）风险的初始列表。

（6）初始用例。

（7）细化阶段的计划。

（8）业务案例的初始版本。

2）细化阶段

细化阶段的目标是细化最初的需求，细化体系结构，监控风险和细化它们的属性，细化商业案例以及生产软件项目管理计划。命名为细化阶段的原因很明显，这个阶段的主要活动就是对前一阶段工作的细化。

细化阶段的可交付内容如下。

（1）完成的问题域模型。

（2）完成的业务模型。

（3）完成的需求制品。

（4）完成的分析制品。

（5）体系结构的更新版本。

（6）风险的更新清单。

（7）软件项目管理计划。

（8）完成的商业计划。

3）构建阶段

构建阶段的目标是生产软件产品的第一个可工作版本，即编码各组件并进行单元测试。然后编译代码制品并进行链接，从而构成子系统，并对它进行集成测试。最后，将子系统组成整个系统，对它进行产品测试。

构建阶段的可交付产品如下。

（1）初始用户手册和其他相关手册。

（2）全部制品。

（3）完成的体系结构。

（4）更新的风险清单。

（5）软件项目管理计划。

（6）必要时，更新商业案例。

4）转换阶段

转换阶段的目标是确保客户的需求切实得到满足。在这个阶段软件产品中的错误得到纠正。并且，对所有需要的手册进行完善。在这个阶段，重要的是发现全部先前没有认识到的风险。

转换阶段可交付的产品如下。

（1）全部制品（最终版）。

（2）完成的手册。

1.4.4 面向对象软件过程与传统软件过程

在面向对象的方法出现以前，都是采用面向过程的程序设计方法。传统的软件工程方法指的是结构化软件工程方法，它是一种面向过程的方法。面向过程的方法是把数据和处理数据的过程分离为相互独立的实体。当数据结构发生改变时，所有相关的处理过程都要进行相应的修改,每一种相对于老问题的新方法都会带来额外的开销,程序的可重用性差。而面向对象方法所强调的基本原则,就是直接面向客观存在的事物进行软件开发,将人们在日常生活中习惯的思维方式和表达方式应用在软件开发中,使软件开发从过分专业化的方法、规则和技巧中回到客观世界,回到人们通常的思维方式。

在整个软件开发过程中,编写程序只是相对较小的一部分。软件开发的真正决定性因素来自前期概念问题的提出,而非后期的实现问题。早期的软件开发面临的问题比较简单,从认清要解决的问题到编程实现并不是太难的事。但是随着计算机应用领域的快速发展,软件系统规模和复杂性的增加,出现了面向对象软件工程的方法。下面简单介绍传统软件工程方法和面向对象软件工程方法。

1. 传统软件工程方法

传统的软件工程方法主要指结构化软件工程方法。

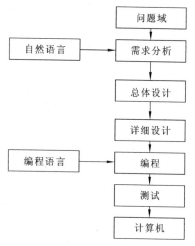

图 1-9　传统软件工程方法

一个软件从开始计划起,到废弃不用止,称为软件的生存周期。从图 1-9 可以看出,在传统的软件工程方法中,软件的生存周期分为需求分析、总体设计、详细设计、编程和测试几个阶段。下面分别就每个阶段进行讨论。

1)需求分析

软件工程学中的需求分析具有两方面的意义。在认识事物方面,它具有一整套分析、认识问题域的方法、原则和策略。这些方法的原则和策略使开发人员对问题域的理解比不遵循软件工程方法的更为全面、深刻和有效。在描述事物方面,它具有一套表示体系和文档规范。但是,传统的软件工程方法学中的需求分析在上述两方面都存在不足。它在全局范围内以功能、数据或数据流为中心进行分析。这些方法的分析结果不能直接映射问题域,而是经过了不同程度的转化和重新组合。因此,传统的分析方法容易隐蔽一些对问题域的理解偏差,与后续开发阶段的衔接也比较困难。

2)总体设计和详细设计

在总体设计阶段,以需求分析的结果作为出发点构造一个具体的系统设计方案,主要决定系统的模块结构,包括决定模块的划分、模块间的数据传送和调用关系。详细设计在总体设计的基础上考虑每个模块的内部结构和算法。最终将产生每个模块的程序流程图。经过总体设计和详细设计,开发人员对问题域的认识和描述越来越接近于系统的具体实现——编程。但是传统的软件工程方法中设计文档很难与分析文档对应,原因是二者的表示体系不一致。所谓"从分析到设计的转换",实际上并不存在可靠的转换规则,而是带有人为的随意性,很容易因理解上的错误而埋藏下隐患。

3)编程和测试

编程阶段利用一种编程语言产生一个能够被机器理解和执行的系统。测试是发现和排除程序中的错误,最终产生一个正确的系统。但是由于分析方法的缺陷很容易产生对问题域的错误理解,而分析与设计的鸿沟很容易造成设计人员对分析结果的错误转换,所以在编程时程序员往往需要对分析员和设计人员已经认识过的事物进行重新认识,并产生与他们不同的理解。在实际开发过程中,后期开发阶段的人员不断地发现前期阶段中的错误,并按照他们新的理解工作,所以每两个阶段之间都会出现不少变化,其文档不能很好地衔接。

4）软件维护

在软件维护阶段的工作:一是对使用中发现的错误进行修改;二是因需求发生了变化而进行修改。前一种情况需要从程序逆向追溯到发生错误的开发阶段。由于程序不能映射问题域和各个阶段的文档不能对应,每一步追溯都存在许多理解障碍。第二种情况是一个从需求到程序的顺向过程,它也存在初次开发时的那些困难,并且又增加了理解每个阶段原有文档的困难。

无论如何,各种传统的软件工程方法都为自然语言和编程语言之间的鸿沟铺设了一些平坦的路段。它们的优点和缺点,也为面向对象方法提供了有益的借鉴。

2. 面向对象软件工程方法

面向对象方法是软件理论的返璞归真。面向对象的软件工程方法是面向对象方法在软件工程领域的全面运用。其主要内容,如图 1-10 所示,下面就其包括的主要内容进行讨论。

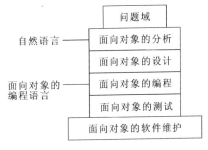

图 1-10　面向对象软件过程

1）面向对象的分析

OOA(Object-Oriented Analysis)强调直接针对问题域客观存在的各项事物设立 OOA 模型中的对象。问题域有哪些值得考虑的事物,OOA 模型中就有哪些对象。OOA 对问题域的观察、分析和认识是很直接的,对问题域的描述也是很直接的。它所采用的概念及其术语与问题域中的事物保持了最大程度的一致,不存在语言上的鸿沟。

2）面向对象的设计

OOD(Object-Oriented Design)是针对系统的一个具体的实现运用 OO 方法。它与OOA 采用相同的表示法和模型结构。OOA 与 OOD 采用一致的表示法是面向对象的分析与设计优于传统的软件工程方法的重要因素之一。这使 OOA 到 OOD 不存在转换,只有很局部的修改或调整,并增加几个与实现有关的独立部分。因此 OOA 与 OOD 之间不存在传统方法中分析与设计之间的鸿沟,二者能够紧密衔接,大大降低了从 OOA 到OOD 的难度、工作量和出错率。

3）面向对象的编程

OOP(Object-Oriented Programing)的工作就是用同一种面向对象的编程语言把OOD 模型中的每个成分书写出来。即用具体的数据结构定义对象的属性,用具体的语句实现服务流程图表示的算法。OOP 阶段产生的程序能够紧密地对应 OOD 模型;OOD 模型中一部分对象类对应 OOA 模型,其余部分的对象类对应与实现有关的因素;OOA 模型中全部类和对象都对应问题中的事物。这样的映射关系提高了开发工作的效率和质量。

4）面向对象的测试

OOT（Object-Oriented Test）指对于用 OO 技术开发的软件，在测试过程中继续运用 OO 技术，进行以对象概念为中心的软件测试。在测试过程中发掘并利用与 OO 方法的概念、原则和技术机制有关的语法与语义信息。可以更准确地发现程序的错误并提高测试效率。对于用 OOA 和 OOD 建模并由 OOP 编程的软件，OOT 可以通过捕捉 OOA/OOD 模型信息，检查程序与模型不匹配的错误。这一点传统的软件工程方法很难达到。

5）面向对象的软件维护

面向对象的软件工程方法为改进软件维护提供了有效的途径。程序与问题域是一致的，各个阶段的表示是一致的，从而大大减少了理解的难度。通过以上比较，可以看到面向对象方法的出现，是人类认识事物的一个返璞归真的过程。面向对象方法不论是从软件开发阶段的开发效率上，还是软件维护阶段的系统维护成本考虑，都要远远优于传统的软件工程方法。所以软件开发人员要充分重视面向对象方法在实践中的运用。

1.4.5　软件过程改进

对于软件企业，软件过程是整个企业最复杂、最重要的业务流程，过程决定了软件产品的质量。而软件产品就是企业的生命，改进整个企业的业务流程最重要的还是改进它的软件过程。

软件过程改进帮助软件企业对其软件过程的改变进行计划、制定和实施。它的实施对象就是软件企业的软件过程，也就是软件产品的生产过程，当然也包括软件维护等的维护过程，而对于其他的过程并不关注。

在世界范围内，软件项目需求正以非常快的速度增长，并且这种增长看起来还远未达到目的。这种增长已经导致软件开发活动急剧性增长，已使得用于构筑软件的过程，正确的说法是软件过程，得到更多的关注。软件过程可以定义为人们用来开发和维护软件和相关产品（如工程计划、设计文档、规章、检测事例及用户手册）的一组活动、方法、实践和转换。任何一个软件的开发、维护和软件组织的发展都离不开软件过程，软件过程经历了从不成熟到成熟的发展过程，这需要持续不断地对软件过程进行改进。近年来流行的能力成熟度模型（Capability Maturity Model for Software，CMM）就是根据这一指导思想设计出来的。

CMM 是由美国卡耐基-梅隆大学软件工程研究所于 1986 年着手研究的。能力成熟度模型是对软件组织在定义、实施、度量、控制和改善其软件过程的实践中各个发展阶段的描述。CMM 的核心是把软件开发视为一个过程，并根据这一原则对软件开发和维护进行过程监控和研究，以使其更加科学化、标准化，使企业能够更好地实现商业目标。

下面简要介绍软件过程成熟度的 5 个等级。

（1）初始级。这是最低级别，在这样的组织里，有效的软件过程管理方法在本质上没有获得使用。软件开发过程是不可预计的，因为这样的软件开发过程完全依赖于当前的开发人员。这使得对软件开发所需花费的时间和金钱进行精确估计成为一件不可能的事。

（2）可重复级。建立管理软件项目的方针以及为贯彻执行这些方针的措施。组织基于在类似项目上的经验对新项目进行策划和管理。组织的软件过程能力可描述为有纪律性的，并且项目过程处于项目管理系统的有效控制之下。

（3）已定义级。将管理和工程活动两方面的软件过程文档化、标准化，并综合成该组织的标准软件过程。所有项目均使用经批准、裁剪的标准软件开发和维护软件。

（4）已管理级。收集对软件过程和产品质量的详细度量值，对软件过程和产品都有定量的理解和控制。

（5）优化级。组织通过预防缺陷、技术创新和更改过程等多种方式，不断提高项目的过程性能以持续改善组织软件过程能力。

CMM 在软件改进措施的策划上、措施计划的实施上和过程定义上都有着特殊的价值。在策划改进措施期间，具有有关其软件过程问题和经营环境知识的软件工程组成员可将 CMM 关键过程域的目标和当前的实践相比较。应该管理优先级，实践运行的层次，实施每次实践对组织的价值。接下来，软件工程过程组必须确定哪些需要进行过程改进、如何实现更改和如何获得所需要的。CMM 通过给有关过程改进作为讨论的出发点，并且帮助揭示与通用软件工程实践所采用的那些完全不同的假定，为这些活动提供帮助。在实施计划时，过程组可以用 CMM 和关键实践来构造部门可操作的行动计划和定义软件过程。

软件过程改进有五个核心原则：注重问题、强调知识创新、鼓励参与、领导层的统一和计划不断改进。

（1）问题的解决是软件过程改进的核心。可以说过程的改进就是在不断发现问题、解决问题的过程中向前发展的。

（2）改进是一种知识的创新，软件过程的改进是受知识驱动的。

（3）过程改进是整个组织的事情，只有鼓励大家积极参与，才能使设计的过程真正被他们理解，从而实现过程的成功。

（4）只有保证软件改进过程得到各个领导层的赞成、支持和投入，才能综合各个层的力量来推动工作更好地前进。

（5）根据实际情况的变化对计划进行改进，才能确保改进的顺利进行。

软件产品的质量在很大程度上取决于构筑软件时使用的软件开发和维护过程的质量。而提高软件的质量，过程和人始终是两个重要因素，软件项目团队和人往往起到重要的作用。如果你认为软件过程改进不一定能提高软件质量，那么只能说明你的软件过程成熟度比较低，没有上升到项目级或组织级，你的整个项目的成功往往取决于项目中的几个关键人员，这样危险性是很大的。还是以 CMM 为例，实施 CMM 的一个重要目的就是尽量减少人对项目的影响，形成组织级的过程和规范。CMM 针对很多过程和问题给出了实践的方案和标准。只是由于资源和项目时间进度的限制，不一定每次都可以达到这些目标和标准，但是不得不承认，软件过程改进的实现大大提高了软件的质量。

并且，现在的初步结果也已经证明了实现软件过程改进能创造出更大的效益。例如，在 1987～1990 年，加利福尼亚的休斯飞机公司的软件工程部门为过程评估和提高程序一共投入 50 万美元。在这三年里，休斯飞机公司的级别从可重复级上升到了已定义级。作为软件过程改进的结果,休斯飞机公司估计其组织每年可以节省两百万美元。当然,节省的不仅是成本,还包括超时时间的减少、软件危机出现较少等。

1.5 本章小结

本章主要介绍了面向对象的软件工程中的基本概念。软件危机指在软件开发和维护过程中遇到的一系列严重问题。软件危机的出现促使了软件工程的发展。软件工程是指导计算机软件开发和维护的工程科学,采用工程的概念、原理、技术和方法开发和维护软件,目的是生产出能如期交付、在预算范围内、满足用户需求、没有错误的软件产品。

面向对象开发方法是符合人类认识客观世界的思维方法的一种软件开发方法。面向对象的三大特征是继承性、封装性和多态性。封装是指将数据(属性)、操作结合组成一个独立的对象,并只能通过有限的接口与对象发生联系;继承是指子类可以自动拥有其父类的全部属性与操作;多态是指同一个消息被不同的对象接收时,可产生不同的动作或执行结果。

软件产品有自己的开发流程,生命周期模型是对在构建一个软件产品时应当完成的步骤的描述。应当掌握主要的几种软件生命周期模型——瀑布生命周期模型、迭代与递增模型和快速原型开发生命周期模型等。

软件过程是生产软件的方式,不同的软件组织有不同的软件生产过程。统一过程有五个核心工作流——需求流、分析流、设计流、实现流和测试流。统一过程执行中执行的每一个步骤属于五个核心工作流之一,也属于四个阶段之一。这四个阶段是开始阶段、细化阶段、构建阶段和转换阶段。

软件过程改进帮助软件企业对其软件过程的改变进行计划、制定和实施,能力成熟度模型是对软件组织在定义、实施、度量、控制和改善其软件过程的实践中各个发展阶段的描述。CMM 在软件改进措施的策划上、措施计划的实施上和过程定义上都有着特殊的价值。

1.6 习题 1

1. 填空题

(1) 软件工程是通过科学知识和过程的实际应用,进行软件_____、_____、_____和停用的、严格的系统化方法。

(2) _____、_____、_____是面向对象的三大特征。

(3) 封装是指把相关的_____和_____结合在一起,组成一个独立的对象,并在与对象发生联系时只能通过_____实现。

(4) 软件产品的开发流程是_____、_____、_____和_____。

(5) 瀑布模型将软件生命周期划分为软件计划、需求分析和定义、软件设计、软件实现、软件测试、_____和_____这 6 个阶段,其中每个阶段都包含_____。

(6) 统一过程是_____驱动的;是开发和演进一个健壮的_____;是迭代和递增的。

（7）统一过程的五个核心工作流分别是_____、_____、_____、_____和_____；四个阶段分别是开始阶段、_____、_____和转换阶段。

2. 名词解释

（1）软件工程

（2）特性蔓延

（3）面向对象

（4）封装

（5）继承

（6）生命周期模型

（7）统一过程

（8）CMM

3. 简答题

（1）简述软件危机产生的原因和具体表现。

（2）简述面向对象的基本思想。

（3）简述消息传递和过程调用的区别。

（4）描述什么样的产品是螺旋模型的理想应用。

（5）描述什么情况下敏捷过程不适用。

（6）假设你要建设一个产品来确定 653.8231 的倒数，精确到 5 个小数位。一旦实现并测试了这个产品，就可以弃之不用了。你将使用哪一种生命周期模型？说明理由。

（7）你是一个软件工程顾问。生产并销售靴子的公司分管财务的副总裁召集你，想让你的组织建造一个监控公司股票的产品，从购买皮革开始，并跟踪靴子的加工过程、送货过程和销售过程。为这个项目选择生命周期模型时你要遵循哪个准则？

（8）考察需求流和分析流。将这两个工作流结合成为一个工作流比分别对待它们更有意义吗？

（9）介绍软件过程改进的必要性。

第 2 章　统一建模语言 UML

自从软件诞生之日起,就开始有各种图形、符号用于表达程序的设计。面向对象软件工程与 UML 总是形影不离。面向对象软件过程是一个框架,而仅仅有框架是不够的,还需要在此框架内完成每一个具体生命周期阶段的各种设计的具体建模模型和方法。而 UML 正是这样一种可以帮助人们进行设计与表达的统一的语言,本章开始引入统一建模语言(UML)。

2.1　UML 的历史

20 世纪 80 年代初,"面向对象"开始在软件工程界掀起一场运动。伴随着面向对象编程语言的发展,面向对象建模语言也应运而生。大批关于面向对象方法的书籍相继问世,在 20 世纪 90 年代中期,已经存在超过 50 种的面向对象方法和设计格式。面对众多的方法,用户很难找到一种完全满足他们要求的建模语言,与此同时还加剧了方法之间的战争。

在春秋战国末期,秦始皇横扫六国,统一了中国疆土。而他更伟大的贡献在于首次统一了货币、文字和度量衡。如图 2-1 所示,"马"在七个国家有七种完全不同的写法,而货币的形状也是风格迥异,很难想象如果没有统一的标准,当时的人们如何交流与沟通。因此,货币与文字的统一其意义是非常深远的,因为它建立了一种统一的标准,方便了人们之间的沟通与交流。

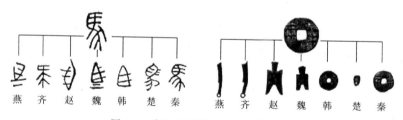

图 2-1　秦王对于货币和文字的统一

与秦始皇统一文字的道理相同,面对众多的面向对象设计方法,不同的设计方法之间总是存在差异,人们势必会遇到交流与沟通的障碍,因此迫切需要面向对象设计方法的统一与大同。

在这个阶段,有三位著名的软件工程学家,他们分别是 Grady Booch、Ivar Jacobson、James Rumbaugh。Grady Booch 是 Rational 公司的首席软件工程科学家,他设计的 Booch 方法在项目设计和构造阶段的表达能力非常强。James Rumbaugh 也是一位美国的软件工程学家,他以 Object Modeling Technique (OMT)方法闻名。来自瑞典的科学家 Ivar Jacobson 提出了面向对象软件工程(Object-Oriented Software Engineering,

OOSE)方法,即使用用例来驱动需求捕获的一种方法。除此之外还存在其他各种各样的设计方法。

UML 就是在面向对象语言和表达法发展到顶峰的时刻,博采众家之长,对各种流派的符号进行统一,形成的这样一种统一建模语言。

而在进行这项工作的过程中,建模语言的设计仍有需要权衡和纠结的问题,需要在如下这些问题上平衡好。

(1) 必须对问题进行约束:是否应该包含需求描述? 是否足以支持可视化编程?

(2) 必须在表达能力和表达的简洁性之间做好平衡。太简单的语言将会限制可解决问题的范围,而太复杂的语言将会使开发者无所适从。

(3) 在目前存在诸多方法的情况下,必须小心从事,若对语言进行太多的改进,将会给已有用户造成混乱,若不改进又错失了改进和简化的时机,必须掌握好度。

1994~1996 年软件工程学家 Grady Booch、Ivar Jacobson、James Rumbaugh 先后集结于 Rational 公司,携手合作。Rumbaugh 与 Booch 的合作对统一建模语言具有重大的意义。他们开始合并对象建模技术(Object Modeling Technology,OMT)和 Booch 方法中使用的概念。同年,Jacobson 也加入了 Rational 公司开始与 Rumbaugh 和 Booch 一同工作。他们以各自原创的方法为基础,并汲取其他方法的长处,共同提出了新的面向对象的分析与设计语言——统一模型语言 UML。三位都是最优秀的面向对象方法学的创始人,他们的合作为这项工作注入了强大的动力,打破了面向对象软件开发领域原有的平衡。

最初,他们在一套符号标准(语言)上达成共识,因为这比在方法上实现标准所需的描述更简单。最终,他们集成了 Grady Booch 的 Booch 方法、James Rumbaugh 的对象建模技术和 Ivar Jacobson 的面向对象软件工程及其他一些方法的元素,并将这个新的符号标准命名为 UML 0.9 版本。1997 年 1 月 Rational 公司向美国工业标准化组织 OMG 递交了 UML 1.0 标准文本。1997 年 11 月 OMG 宣布接受 UML,并正式颁布了 UML 1.1 作为官方的标准文本。值得一提的是三位大师放弃了 UML 的所有权,让它真正成为了公众的智慧财富。此后,OMG 修改任务组对 UML 不断进行扩充与完善,相继推出了 UML 1.2、UML 1.3、UML 1.4、UML 1.5 和 UML 2.0 等,UML 发展史如图 2-2 所示。

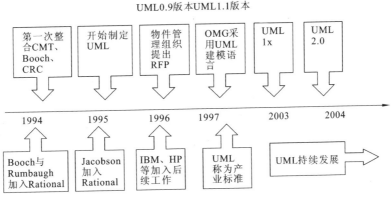

图 2-2　UML 发展史

UML 的目标并非提出一个全新的符号集,而是对几种面向对象方法中一些已被接受的图表进行改编、扩展和简化。UML 最突出和最有新意的地方并非在其内容上,而是在于它是一个定义规范的、统一的语言标准。就像数学家可以利用公式证明定理、作曲家可以使用五线谱精确表达自己的灵感一样,软件工程师也可以利用 UML 这样一种标准的建模符号体系从各种角度对软件系统进行建模。可以从动态、静态、全局、局部各个角度对系统进行建模。帮助人们构建和理解一个复杂的软件系统,如图 2-3 所示,帮助人们进行交流和沟通。

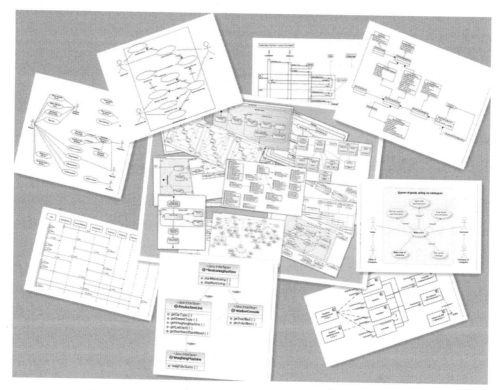

图 2-3　UML 统一建模语言——从各个角度帮助人们对系统建模

2.2　UML 概述

UML 是统一建模语言的缩写,是第一个在国际软件界被广泛承认的统一建模语言。那人们不可回避要先问 Modeling 一词的含义,本节将重点探讨为什么要建模和 UML 究竟是什么这两个问题。

2.2.1　什么是模型

从 Modeling 一词出发,可知 UML 是一种建模语言,在了解 UML 之前先来了解什么是模型。模型是所研究的系统、过程、事物或概念的一种表达形式,也可指根据实验、图样放大或缩小而制作的样品,一般用于展览或实验或铸造机器零件等用的模具。系统建模则是对研究的实体进行必要的简化,并用适当的规则把它的主要特征描述出来,所得到的系统模仿品称为模型。一个优秀的模型要体现出那些具有广泛影响的主要元素,同时忽略那些与给定的抽象模型不相关的次要元素,即抓住事物最重要的方面。

模型既可以是行为性的,体现系统的动态方面;也可以是结构性的,强调系统的组织。工程、建筑和其他许多需要具有创造性的领域都使用模型。例如,建筑模型可以是图纸上所绘的建筑图,也可以是用厚纸板制作的三维模型。一个建筑物的结构模型不仅能够展示这个建筑物的外观,还可以用来进行工程设计和成本核算。

软件系统的模型是对软件系统涵盖的过程、事物和概念的一种表达形式。然而软件系统的模型不像建筑物模型那样可以用实物展现,因此需要采用图形和文字等多种不同形式进行模型的表达,以描述模型包含的语义信息。

2.2.2　建模的重要性

下面具体分析和体验在什么情况下,有建模的必要。为说明这个问题,狗窝与大厦的故事最经典不过了。

如果你要为你的爱犬搭盖一个遮风挡雨的住所,你只需要准备好木料、钉子、锤子等材料和工具就可以开始实施你的想法。从制定一点初步的计划到狗窝的完全竣工,你可能在很短的几个小时内独立完成。如果施工中发现问题,你完全可以返工重新来做,即便失败了,也不会有什么太大的损失。

如果你要为自己建造一所房子,你只备好材料和工具肯定不会立刻开工,因为你对房屋的定位与对狗棚的定位一定不同。这时你可能需要对房屋制定一些较为详细的计划,至少应该绘出一些能展示房子基本构造的平面图;甚至还需要一些水电布线图等。做出这些计划后,你才可以根据计划对这项工作所需的时间和材料进行合理的估计。然后,才能按照计划进行建造,如果顺利的话,房子应该可以达到预期效果。如果没有任何计划而冒然开工,房子很有可能达不到预期的效果。

如果你是一名工程师,要在规定的时间和财力资源下完成一座高层建筑的建设。它的规模明显成倍增长,而且工程师所担负的责任也不同。相信不会有人有胆量用建造狗棚的方法来建造大厦。如果项目失败了,将会付出巨大的代价。所以在开工之前一定要进行大量的详尽的计划。负责建筑物设计和施工的组织机构必须是庞大的,你只是其中的一个组成部分。这个组织将需要各种各样的设计图和模型,以便不同的组成部分之间的相互沟通和组合。如果计划不详尽或不完整,就很有可能造成无法弥补的损失。

其实,在软件行业中也是如此。一个小的程序、一个简单的软件与一个专业的产品就犹如狗窝、房屋和大厦,如图 2-4 所示。然而遗憾的是很多程序员却总是用建造狗窝的方式在建造大厦。如果任由狗窝膨胀成大厦,最后总有一天大厦会因不良的设计而倒塌。而软件也一样,由于不良的设计和仓促的动工和修补而千疮百孔,百病缠身。随着时间的推移,软件系统的复杂性也逐步加大,然而人对复杂问题的理解能力是非常有限的。因此可以简单地讲,因为人们不能完整地理解一个复杂的系统,所以要建模。通过建模就可以每次着重研究它的一方面,缩小研究问题的范围。即把一个问题分解为一系列小问题,然后再各个击破,这些小问题的解决便是复杂问题的解决。因而建模就是为了能够更好地理解正在开发的系统。建模是软件开发所有活动中的核心部分,目的在于把所要设计的结构和系统的行为搭起可以沟通的桥梁,并对系统的体系结构进行控制,以便于更好地理解正在构造的系统。

通过建模,可以获得以下益处。

图 2-4　狗棚-房屋-大厦

（1）模型帮助人们按照实际情况或按照所需要的样式对系统进行可视化。

（2）模型允许人们详细说明系统的结构或行为。

（3）模型给出了一个指导人们构造系统的模板。

（4）模型对作出的决策进行文档化。

通过建模每个项目基本上都能从中获益。通过建模能够对即将开发的系统有更好的了解,利用模型可以帮助人们预见将来在系统开发时可能面临的问题,并且尽早考虑对策进行纠正。建模的方式符合统一软件过程中设计在先的理念,在编写代码之前首先对系统进行设计会提高开发人员的设计能力,使建模人员在较高的层次上工作。如果根本不对软件进行建模,项目越复杂就越有可能失败或产生错误。因此,必须意识到软件建模的重要性。

2.2.3　UML 概念

认识到对软件系统进行建模的必要性后,接下来将转向寻求一种好用又通用的建模语言,UML 正是这样一种建模语言。UML 是一种对面向对象系统进行可视化、详述、构造和文档化的统一建模语言。是一种直观化、明确化、构建和文档化软件系统产物的通用可视化建模语言。

1) UML 是一种可视化语言

首先 UML 是一种语言,与 C++、.NET、Java 等面向对象编程语言不同,作为一种建模语言,它注重于对系统进行概念上和物理上的描述。这种语言需要具有极强的表达能力,能够指导整个软件开发生命周期中的各种不同的表达需求。

程序员在对特定问题进行思考的过程中,会自然而然地在白纸或黑板上勾勒出自己的想法,画出软件的体系结构、算法的流程、对象之间千丝万缕的关系等,以帮助自己理清各种结构和关系,这就是建模的过程。因而,从人类建模的方式可知人们早已习惯了用图形、符号对问题进行建模和求解。所以,UML 是一种图形化语言,拥有一组图形化的符号。

接下来要讨论这种建模语言的通用性问题。怎样才能使绘制的草图能够被小组的其他程序员理解,甚至被不同地域不同国家的程序员理解,即要求建模表达具有一定的通用性和标准性。只有标准建立了,所有人对同一幅草图的理解才能是一致而无异议的,对于一个符号的表达和含义进行明确地定义,就不可能产生交流障碍和错误的理解。就像国际标准舞一样,全世界任何一个角落对于一个基本分解动作的跳法都是一致的。如果你绘制的草图能够准确表达你构建的模型,这样即使你跳槽了,也不会留下一堆无人能看懂的代码。

因而,清晰的 UML 模型有助于交流;对有些事物最好用文字建模,而对有些事物又最好用图形建模。UML 就是这样的图形化语言,一组图形化符号,而且每个符号都有明确语义。这样,一个开发者可以用 UML 绘制模型,同时另一个开发者可以无歧义地解释这个模型。

2) UML 是一种可用于详细描述的语言

详细描述意味着所建的模型是精确、无歧义和完整的。这就要求 UML 建模语言具有强大的表达能力。特别的,UML 适合对所有重要的分析、设计和实现决策进行详尽描述。这些是软件密集型系统在开发和部署时所必需的。

3) UML 是一种构造语言

UML 不是一种可视化的编程语言,但用 UML 描述的模型可用各种编程语言直接相连。即可把用 UML 描述的模型映射成编程语言,甚至映射成关系数据库的表或面向对象数据库的永久存储。这种映射允许进行正向工程和逆向过程。正向工程指从 UML 模型到编程语言的代码生成;逆向过程指由编程语言代码重新构造 UML 模型。逆向过程需要人工干预。否则从模型到代码会丢失信息。

4) UML 是一种文档化语言

一个完整的软件产品除了生产可执行的源代码之外,还要给出软件开发生命周期各个阶段的文档。这些文档包括需求、体系结构、设计、测试等阶段的文档。UML 始于建立系统体系结构及其所有的细节文档。UML 还提供了用于表达需求和用于测试的语言,是所有这些文档建设的一个强有力的表达工具,各种设计文档都离不开 UML 图形和符号。因此,UML 其实也是一种文档化语言。

2.3　UML 模型观点

建模是为了产生对系统的理解,只有一个模型是不够的,为了理解系统中的各种事物,经常需要从各种角度、各种视图描述一个完整的系统。在 UML 建模过程中,各种人员包括分析人员、开发人员、测试人员、项目管理者和最终用户等,他们各自带着项目的不同日程,并且在项目的生命周期内在不同的时间、以不同的方式来观察系统。

UML 中的各种组件和概念之间没有明显的划分界限,但为了方便,用视图来划分这些概念和组件。视图只是表达系统某一方面特征的 UML 建模组件的子集,即视图是对系统模型的组织和结构的投影,注重于系统的一方面。在每一种视图中使用一种或两种特定的图可视化地表示视图中的各种概念。

对于 UML 视图分类最常见的两种观点是 4＋1 模型观与动静模型观。

2.3.1　4＋1 模型观

4＋1 模型最早是由 Philippe Kruchten 于 1995 年在一篇论文中提出的,所谓的 4＋1 观点用来作为建模系统构架的一个蓝图。后来由 Grady Booch、James Rumbaugh 和 Ivar Jacobson 在他们出版的 UML 使用手册中定义了 UML 的 4＋1 观点。

图 2-5　4＋1 体系模型

4＋1 模型使用五个互连的视图描述软件密集型系统的体系,如图 2-5 所示。每一个视图是在一个特定的方面对系统的组织和结构进行的投影。描述系统的五个视角分别是用例视图、逻辑视图、构件视图、进程视图和配置视图。1 是核心,是用例视图,在用例视图的驱动下,有了其他四种视图:描述系统逻辑的逻辑视图、描述软件构件的构件视图、窥探软件不同进程之间活动的进程视图、描述软硬件最终部署的配置视图。它们允许从不同角度观察和描述一个复杂的软件系统,每种图都表达了系统的某个特殊侧面和特定部分,这些图的集合才最终完整地描述软件系统的体系结构。

1) 用例视图

用例视图是称为参与者的外部用户能观察到的系统功能的模型图,由描述可被最终用户、分析人员和测试人员看到的系统行为的用例组成。它强调从外部参与者角度看到的或者需要的系统功能。用例是系统中的一个功能单元,是外部参与者与系统之间的一次交互操作。用例视图实际上没有描述软件系统的组织,而是描述了形成系统体系结构的动力。

2) 逻辑视图

逻辑视图包含了类、接口和协作,它们形成了问题及其解决方案的词汇。它展现系统的静态或结构组成及特征,描述用例视图提出的系统功能的实现;也就是说,这种视图主要支持系统的功能需求,即系统应该给最终用户的服务。与用例视图相比,逻辑视图主要关注系统内部,它既可以描述系统的静态结构,又可以描述系统内部的动作协作关系。

3) 构件视图

构件视图,也称为实现视图,为系统的构件(即构造应用的软件单元)建模。它包括各构件之间的依赖关系和用于装配与发布物理系统的制品,以便通过这些依赖关系估计对系统构件的修改给系统可能带来的影响。该视图主要是针对系统发布的配置管理。它由一些独立的文件组成;这些文件可以用各种方法装配,以产生运行系统。它也表现从逻辑的类和构件到物理制品的映射。

4) 进程视图

进程视图展示了系统的不同部分之间的控制流,包括可能的并发和同步机制。该视图主要针对性能、可伸缩性、系统的吞吐量,注重于控制系统的主动类和它们之间的消息。也就是说,该视图展现系统的动态或行为特征,主要描述资源的有效利用、代码的并行执行、系统环境中异步事件的处理等。

　　5）配置视图

　　配置视图描述位于节点实例上的运行构件实例的安排。节点是一组运行资源，如计算机、设备和存储器。配置视图包含了形成系统硬件拓扑结构的节点（系统在其上运行）。换句话说，该视图主要描述组成物理系统的部件的分布、交付和安装，允许评估分配结果和资源分配。

　　这些视图从不同角度进行观察和描述，每种图表达了系统的某个特殊侧面和特定部分。这 5 种视图中的每一种都可以单独使用，使不同的人员专注于他们最为关心的体系结构。同时，这些图的集合才最终完整地描述了软件系统的体系结构。见表 2-1 所示。

表 2-1　4＋1 模型

	作用	适用对象	描述使用的图	重要性
用例视图	描述系统的功能需求，找出用例和执行者	客户、分析者、设计者、开发者和测试者	用例图和活动图	系统的中心，它决定了其他视图的开发，用于确认和最终验证系统
逻辑视图	描述如何实现系统内部的功能，描述系统的静态结构和动态行为，以作为系统所应提供之功能的解答	分析者、设计者、开发者	类图和对象图、状态图、顺序图、合作图和活动图	描述了系统的静态结构和因发送消息而出现的动态协作关系
构件视图	描述系统代码构件组织和实现模块，以及它们之间的依赖关系	设计者、开发者	构件图	描述系统如何划分软件构件，如何进行编程
进程视图	描述系统的并发性，并处理这些线程间的通信和同步	开发者和系统集成者	状态图、顺序图、合作图、活动图、构件图和配置图	将系统分割成并发执行的控制线程及处理这些线程的通信和同步
配置视图	描述系统的物理设备配置，如计算机、硬件设备和它们相互间的连接	开发者、系统集成者和测试者	配置图	描述硬件设备的连接和哪个程序或对象驻留在哪台计算机上执行

2.3.2　动静模型观

　　4＋1 模型观是一种观察与分类的视角，还有一类常用的 UML 视图分类的观点称为动静模型观。从动静的层次看，UML 图可以划分为结构视图、动态行为视图和模型管理视图三个视图域（图 2-6）。结构分类描述了系统中的结构成员及其相互关系，动态行为描述了系统随时间变化的行为。此外，还需要模型管理来说明模型的层次组织结构。其中，在动态行为中，有两种方式对

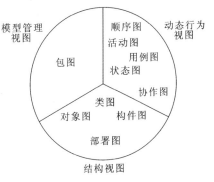

图 2-6　UML 动静态模型

行为建模。一种是根据一个对象与外界发生关系的生命历史进行建模；另一种是利用一系列相关对象之间当它们相互作用实现行为时的通信方式进行建模。相互作用对象的系列视图是一种协作，一种与语境相关的对象视图和它们之间的链，通过数据链对象间存在着消息流。

1）结构视图

在 UML 中有 5 种图可用于对系统的静态方面进行可视化、详述、构造和文档化。可以把系统的静态方面看做对系统的相对稳定的结构的表示。就像风扇的静态结构是由按钮、扇叶、底座和电线等事物的布局组成一样，软件系统的静态方面由类、接口、协作、构件和节点等事物的视图组成。

UML 的结构图大致上是围绕建模时的几组主要事物来组织的。其中，类图对应的主要事物为类、接口和协作；对象图对应的主要事物为对象；用例视图对应的主要事物为用例；构件图对应的主要事物为构件；实施图对应的主要事物为节点。

2）动态行为视图

UML 中有 5 种行为图用于对系统的动态方面进行可视化、详述、构造和文档化。可以把系统的动态方面看做对系统变化部分的表示。就像风扇的动态方面是由气流和扇叶的转动组成一样，软件系统的动态方面也是由如随时间变化的信息流和在网络上构件的物理运动之类的事物组成的。

UML 的行为图大致上是按照能对系统的动态进行建模的几种主要方式来组织的。其中，用例图注重于组织系统的行为；顺序图注重于消息的时间次序；协作图注重于收发消息的对象的结构组织；状态图注重于由事件驱动的系统的变化状态；活动图注重于从活动到活动的控制流。

3）模型管理视图

模型管理视图对模型自身组织建模。一系列由模型元素构成的包组成了模型。包是操作模型内容、存取控制和配置控制的基本单元。每一个模型元素包含于包中或其他模型元素中。

2.4　UML 的组成

为了更好地理解 UML，就像学习任何一种语言一样，需要对 UML 形成一个语言的概念模型。这里包括建模的 3 个主要组成元素：UML 的基本构造块、构建构造块的规则和运用于整个 UML 的公共机制。UML 组成结构如图 2-7 所示。

2.4.1　UML 的基本构造块

1. 事物

事物是实体抽象化的最终结果，是模型中的基本成员。事物代表面向对象中的类、对象等概念，是构成图的最基本的常用元素。一个基本事物可以用于多个不同的图中。UML 中的事物如图 2-8 所示。

UML 中包含结构事物、行为事物、分组事物和注释事物。

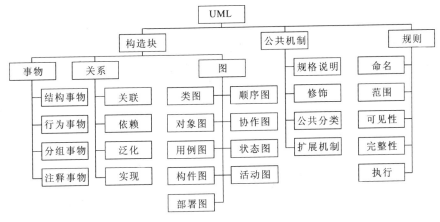

图 2-7　UML 组成结构图

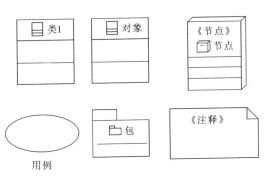

图 2-8　UML 中的事物

1）结构事物

结构事物是模型中的静态部分，用以呈现概念或实体的表现元素，是软件建模中最常见的元素，共有以下七种。

类：是对一组具有相同属性、相同操作、相同关系和相同语义的对象的抽象；UML 中类是用一个矩形表示的，它包含三个区域，上面是类名、中间是类的属性、下面是类的方法，对象则是类的一个实例。

接口：是指类或组件所提供的服务（操作），描述了类或组件对外可见的动作；是描述某个类或构件的一个服务操作集。

协作：描述合作完成某个特定任务的一组类及其关联的集合，用于对使用情形的实现建模。

用例：是 Ivar Jacobson 首先提出的，现已成为面向对象软件开发中一个需求分析的最常用工具，用例可以描述系统的一组使用场景、执行的一系列动作，用例定义了执行者（在系统外部和系统交互的人）和系统之间的交互实现的一个业务目标。

活动类：活动类的对象有一个或多个进程或线程，活动类和类很相像，只是它的对象代表的元素的行为和其他的元素是同时存在的。

构件：在实际的软件系统中，有许多比"类"更大的实体，如一个 COM 组件、一个 DLL

文件、一个 JavaBeans、一个执行文件等,为了更好地在 UML 模型中对它们进行表示,就引入了构件(也为组件);构件是系统设计的一个模块化部分,它隐藏了内部的实现,对外提供了一组外部接口,在系统中满足相同接口的组件可以自由地替换。

节点:为了能够有效地对部署的结构进行建模,UML 引入了节点这一概念,它可以用来描述实际的 PC、打印机、服务器等软件运行的基础硬件,节点是运行时存在的物理元素,它表示了一种可计算的资源,通常至少有存储空间和处理能力。

2)行为事物

行为事物指的是 UML 模型中的动态部分,代表语句里的"动词",表示模型里随着时空不断变化的部分,包含两类:交互和状态机。

交互是由一组对象在特定上下文中,为达到特定的目的而进行的一系列消息交换组成的动作;状态机由一系列对象的状态组成。

3)分组事物

可以把分组事物看成一个"盒子",模型可以在其中被分解。目前只有一种分组事物,即包。结构事物、动作事物甚至分组事物都有可能放在一个包里。包纯粹是概念上的,只存在于开发阶段,而组件在运行时存在。对于一个中大型的软件系统,通常会包含大量的类,因此也就会存在大量的结构事物、行为事物,为了能够更加有效地对其进行整合,生成或简或繁、或宏观或微观的模型,就需要对其进行分组。在 UML 中,提供了"包"(package)来完成这一目标。

4)注释事物

注释事物是 UML 模型的解释部分。注释事物是用来锦上添花的,它是用于在 UML 模型上添加适当的解释部分。如图 2-9、图 2-10 所示。

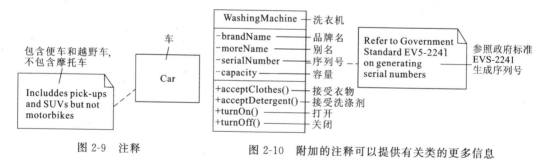

图 2-9　注释　　　　　　　　图 2-10　附加的注释可以提供有关类的更多信息

2. 关系

关系是将事物联系在一起的方式,UML 中定义了四种关系。

(1)依赖:两个事物之间的语义关系,其中一个事物发生变化会影响另一个事物的语义。

(2)关联:一种描述一组对象之间链接的结构关系,如聚合关系(描述了整体和部分间的结构关系)。

(3)泛化:一种一般化-特殊化的关系。

(4)实现:类之间的语义关系,其中的一个类指定了由另一个保证执行的契约。

3. 图

图是事物集合的分类,UML 中包含多种图。

类图:描述系统所包含的类、类的内部结构和类之间的关系。

对象图:是类图的一个具体实例。

包图:表明包及其之间的依赖类图。

构件图:描述代码部件的物理结构和各部件之间的依赖关系。

用例图:从用户的角度出发描述系统的功能、需求,展示系统外部的各类角色与系统内部的各种用例之间的关系。

顺序图:表示对象图之间动态合作的关系。

协作图:也称为合作图,描述对象之间的协作关系。

状态图:描述一类对象的所有可能的状态和事件发生时状态的转移条件。

活动图:描述系统中各种活动的执行顺序。

部署图:定义系统中硬件的物理体系结构。

2.4.2 规则

不能简单地把 UML 的构造块按随机的方式堆放在一起。结构良好的模型应该在语义上自我一致,并且与所有的相关模型协调一致。

UML 有自己的语法和语义规则,用于如下几方面。

(1) 命名:为事物、关系和图起的名字,和任何语言一样,名字都是一个标识符。

(2) 范围:使名字具有特定含义的语境,与类的作用域相似。

(3) 可见性:这些名字如何让其他成分看见和使用,分为 public,protected,private,package。

由于系统的细节会在软件开发的生命周期中展开和变动,所以就不可避免地出现一些不太规范的模型,如在模型中遗漏某些元素、模型的完整性得不到保证和隐藏某些元素以简化视图等。UML 的规则鼓励专注于最重要的分析、设计和实现问题,这将促使模型随着时间的推移而具有良好的结构。

2.4.3 公共机制

修建房子时可以定义建筑风格:维多利亚式、法国乡村式等。那么 UML 也应该有一套贯穿整个语言且一直应用的公共机制,使 UML 变得较为简单,且建筑风格一致。在 UML 中有 4 种公共机制:规格说明、修饰、通用划分和扩展机制。

1) 规格描述

在图形表示法的每个部分后面都有一个规格描述(也称为详述),它用来对构造块的语法和语义进行文字叙述。是构造块语法和语义的文字叙述,以及描述系统的细节。这种构思可使可视化视图和文字视图分离。

2) 修饰

为了更好地表示这些细节,UML 还提供了一些修饰符号,如不同可视性的符号、用斜体字表示抽象类。例如,十、一、♯等符号分别表示类属性的公有、私有、保护的属性。

3）通用划分

在面向对象系统建模中,通常有几种划分方法。

（1）对类和对象的划分。类是一种抽象,对象是这种抽象的一个具体表现,在 UML 中,可以对类和对象建立模型。UML 的每一个构造块几乎都存在如类/对象这样的二分法。

（2）接口和实现的分离。接口声明了一个合约,而实现则表示了对该合约的具体实施。它如实地实现接口的完整语义。在 UML 中既可以对接口建模又可以对它们的实现建模。

（3）类型和角色的分离。类型声明了实体的各类（如对象、属性或参数）,角色描述了实体在语境中的含义（如类、构件或协作等）。任何作为其他实体结构中的一部分的实体（如属性）都具有两个特性:从它固有的类型派生出一些含义;从它在语境中的角色派生出一些含义。

4）扩展机制

UML 是非闭合的语言,是可扩展的。优秀的扩展机制防止 UML 变得过于复杂,用来实现模型必要的扩展和调整。扩展机制包括构造型、标记值和约束。

构造型:在实际的建模过程中,可能会需要定义一些特定于某个领域或某个系统的构造块,构造型允许创建新的构造块,这个新构造块可以从现有的构造块派生,专门用于要解决的问题。

构造型可以表示模型元素的分类与标记。用双尖括号加上字符串进行标记,一般与类名写在一起,也可作为类内操作的分类标识。例如,图 2-11 中<<interface>>表示 Catalog 是接口。<<get operation>>表示 getName、getParts、getPartCout、getPart、contains 都是提取运算的函数。<<editing>>表示 addPart、removePartByName、removePart、removeAllParts 都属于编辑和修改的函数,这样通过<<get operation>>与<<editing>>两个构造型对 Catalog 的诸多函数进行分类。

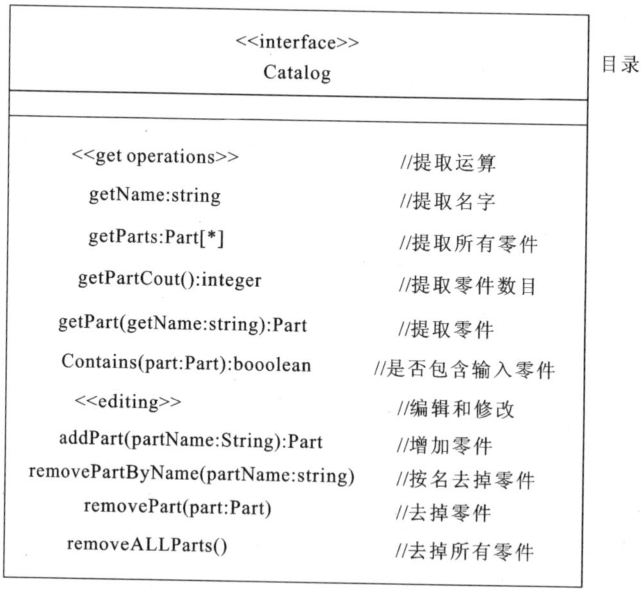

```
┌──────────────────────────────────────────────┐
│              <<interface>>                      │  目录
│                Catalog                          │
├──────────────────────────────────────────────┤
│   <<get operations>>            //提取运算       │
│   getName:string                //提取名字       │
│   getParts:Part[*]              //提取所有零件    │
│   getPartCout():integer         //提取零件数目    │
│   getPart(getName:string):Part  //提取零件       │
│   Contains(part:Part):booolean  //是否包含输入零件 │
│   <<editing>>                   //编辑和修改      │
│   addPart(partName:String):Part //增加零件       │
│   removePartByName(partName:string) //按名去掉零件 │
│   removePart(part:Part)         //去掉零件       │
│   removeALLParts()              //去掉所有零件    │
└──────────────────────────────────────────────┘
```

图 2-11　使用构造型组织属性和操作列表

标记值:用来为事物添加新特性,描述模型元素的特性,标记值的表示方法是形如
"{标记名=标记值,…,标记名=标记值}"的字符串。可以在一个{}中描述多个元素的特
性,用逗号分隔开。如图 2-12 所示,在 Person 类中,{author="Johan",creationDate=
10/2/2006}标记值描述了 Person 类的作者和创建时间。

约束:是用来增加新的语义或改变已存在规则的一种机制。约束规定某个条件或命
题必须保持为真,否则该模型无效。约束的表示法和标记值法类似,都是用花括号括起来
的串来表示,不过它是不能放在元素中的,而是放在相关的元素附近。约束的表示形式为
{}。UML 允许使用任何事物描述约束,唯一的规则就是要求将它放在{}中。如图 2-13
所示,对于洗衣机,其属性 capacity 存在一个约束规则,即其容量只能是 16L、18L 或者
20L 而不允许是其他值,那么通过{capacity=16 or 18 or 20 L}约束对此规则进行描述。
用花括号括起来的规则表达式限制了洗衣机的容量值只能三者选一。

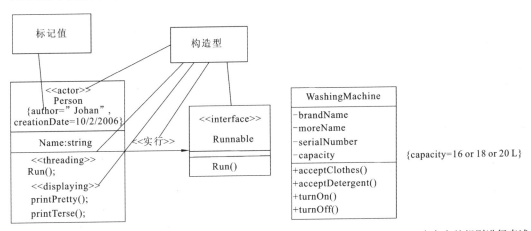

图 2-12　使用标记值描述模型元素的特性　　　　图 2-13　使用约束对模型元素存在的规则进行表述

总的来说,在 UML 的扩展机制中,构造型扩展了 UML 的词汇;标记值扩展了 UML
构造块的特性;约束扩展了 UML 构造块的语义。

2.4.4　UML 的层级结构

学习了 UML 的模型观和组成后,现在进入
UML 层级结构的学习。先从 UML 的体系结构开始
讨论。可以把体系结构理解成一组关于系统如何组
织决策的简单总结。这些决策主要集中于系统的组
成元素——这些元素是什么,做什么,具有哪些行为,
它们有哪些接口以及如何将这些元素组合到一起。

UML 具有一个四层的体系结构。每个层次是根
据该层中元素的一般性程度划分的。图 2-14 给出了
所有的体系结构,用一种简单的记号表示 M0～
M3 层。

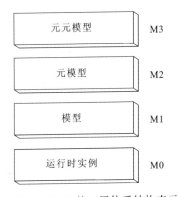

图 2-14　UML 的四层体系结构表示

在 UML 的层级体系结构表示中,M0 是最具体的一层,它是运行时实例层。当模型进入代码创建阶段时,这个层开始发挥作用。接下来是 M1 层,即模型层,就是在该层上使用 UML 建立的模型。M2 层也就是四层体系结构中的第三层。这一层定义了用来具体化模型的语言。由于这一层定义了纳入模型中的东西,所以它叫做元模型层。此时如果有一种用来具体化类、用例、构件和其他所有用到的 UML 元素的语言,最后一层 M3 就是定义这个语言的一种方法。由于该层定义了纳入元模型中的东西,所以它叫做元元模型层。

打个比方来理解层级。当你写一封商务信函的时候,开头先写上日期、收件人地址、问候语,然后是信函正文和结尾,最后是你的签名和打印名字。实际上,你遵循的是书写商务信函的格式。当你写信给朋友的时候,你会按照另一种格式来写。当你只是发送一个便笺时,又会是另一种不同的格式。

和图 2-14 一样,书写的信函也是一个模型。商务信函的一组格式是元模型,当打印和发送的时候,就拥有了一个运行时实例。沿着这个模型的层级向上看,商务信函格式以一般的通信格式为基础,友人信函格式和便笺格式也是一样。通信的格式形成了这些元模型的基础。因此,通信格式就是元元模型。

此时已经知道,当在自己的模型中创建一个类的时候,就已经创建了一个 UML 类的实例。反过来,一个 UML 类也是元元模型中的一个元元类的实例。从另外一个方向看,运行时实例来自于根据自己的模型产生的代码。因此,还可以用相关的术语,如类、元类和元元类来表述模型的四层结构关系,如图 2-15 表示。

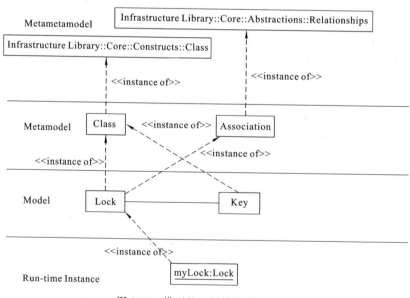

图 2-15　模型的四层结构中的实例

2.5 UML 图形初探

介绍了 UML 的历史、UML 的概念、UML 的模型观和 UML 的组成之后,下面对 UML 各种模型图给予简要的展示。

2.5.1 类图

类图描述了系统中各种类型的对象和对象间的各种静态关系。类图描述的是一种静态关系,是用类和它们之间的关系来描述系统的一种图,在系统的整个生命周期都是有效的。类图主要是由类和类之间的相互关系构成的,如图 2-16 所示,这些关系包括关联、泛化和各种依赖关系(这些关系会在第 4 章详细讲述)。类是应用领域或应用解决方案中概念的描述,是以类为中心类组织的。一个类可能出现在好几个 UML 图中,同一个类的属性和操作可只在一种图中列出,在其他图中可省略。

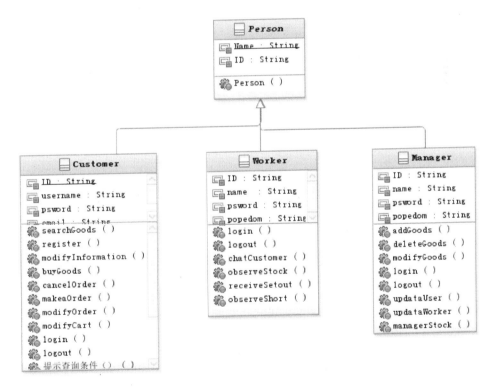

图 2-16 类图的表示

2.5.2 用例图

用例捕捉系统需求的一种技术。用例描述用户和系统之间的典型交互。它可以描述系统和用户之间是怎样进行交互的,也可以描述系统是如何被使用的。

　　用例图用来图示化系统的主事件流程,描述客户的需求,即用户希望系统具备的功能,设计人员根据客户的需求创建和解释用例图,描述软件应具备哪些功能模块和这些模块之间的调用关系,这是设计系统分析阶段的起点。用例是系统中的一个功能单元,由参与者和它们之间的关系组成,主要用于对系统、子系统或类的功能行为进行建模。

　　用例模型的用途是列出系统中的用例和参与者,并显示哪个参与者参与了哪个用例的执行。对于用例中的参与者,是与系统交互的外部实体,可以是人,也可以是其他系统。用例图如图 2-17 所示。

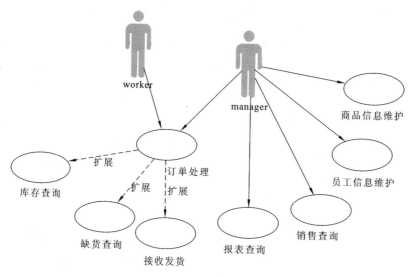

图 2-17　用例图

2.5.3　顺序图

　　类图和对象图表达的是系统的静态结构。在一个运行的系统中,对象之间要发生交互,并且这些交互要经历一定的时间。UML 顺序图表达的正是这种基于时间的动态交互。顺序图又称时序图,描述了对象按照时间顺序的消息交换,显示参与交互的对象和对象之间消息的交互顺序。每一个类元角色用一条生命线表示,即用垂直线代表整个交互过程中对象的生命期。生命线之间的箭头连线代表消息。顺序图可以用来进行一个场景说明,也就是一个事务的历史过程。顺序图如图 2-18 所示。

2.5.4　协作图

　　协作图用来描述对象之间动态的交互关系和连接关系,着重体现关联关系、消息传递。是对在一次交互中有意义的对象和对象间的链建模。协作图描述对象间的协作关系,协作图跟顺序图相似,显示对象间的动态合作关系。除显示信息交换外,协作图还显示对象和它们之间的关系。对象和关系只有在交互的语境中才有意义。类元角色描述了

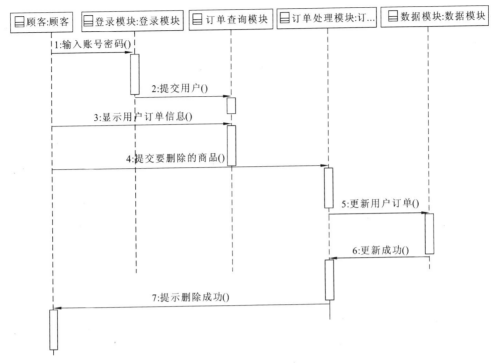

图 2-18　顺序图

一个对象,关联角色描述了协作关系中的一个链。协作图用几何排列表示交互作用中的各角色,附在类元角色上的箭头代表消息(图 2-19)。

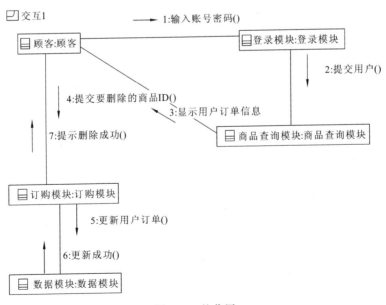

图 2-19　协作图

2.5.5 状态图

状态图通过对类对象的生存周期建立模型来描述对象随事件发生变化的动态行为,描述一个类对象所有可能的生命历程。状态图主要描述类的对象所有可能的状态和事件发生时状态的转移条件,表现从一个状态到另一个状态的控制流。状态是指在对象生命周期中满足某些条件、执行某些活动或等待某些事件的一个条件和状况。状态机由对象的各个状态和连接这些状态的转换组成。每个状态对一个对象在其生命周期中满足某些条件的一个时间段建模。状态图常用来描述业务或软件系统中的对象在外部事件的作用下,对象的状态从一种状态到另一种状态的控制流。状态图如图 2-20 所示。

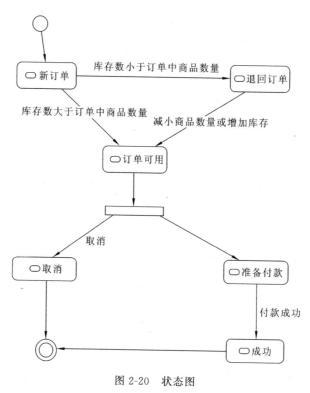

图 2-20　状态图

2.5.6 活动图

活动图是用于表达系统的一个过程(流程)或操作的工作步骤。活动图是状态机的一个变体,用来描述执行算法的工作流程中涉及的活动。活动状态代表了一个活动:一个工作步骤或一个操作的执行。活动图和交互图(将在第 5 章详细介绍)是 UML 中对系统动态方面建模的两种主要形式。交互图强调的是对象到对象的控制流,而活动图强调的是活动图到活动的控制流。活动图如图 2-21 所示。

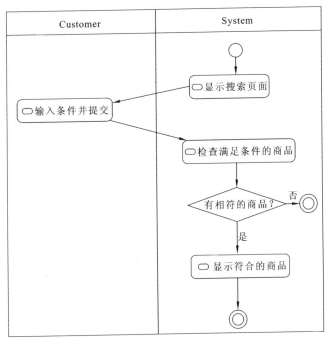

图 2-21　活动图

2.5.7　包图

包是用来对一个图的元素(如类和用例)进行分组的。把分组后的元素用一个带有标签的文件夹图表包围起来,就完成了对其打包。如果给包起一个名字,就命名了一个组。包图可以用于组织模型元素,使模型更加易于理解,并且在查找的时候更加方便;通过使用包,把系统分成多个层次或者子系统。包图如图 2-22 所示。

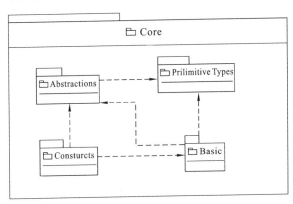

图 2-22　包图

2.5.8　构件图

构件图,也称为组件图,描述系统中存在的软件结构和它们之间的依赖关系。它显示代码本身的逻辑结构。构件图的元素有构件、依赖关系和界面。构件图符是在左边线带有两个小矩形的一个矩形框。

　　构件本身是系统体系结构中独立的物理可替换单位,它代表系统的一个物理模块。它表示的是系统代码本身的结构。构件可以看做包与类对应的物理代码模块,逻辑上与包、类对应,实际上是一个文件。构件图如图 2-23 所示。

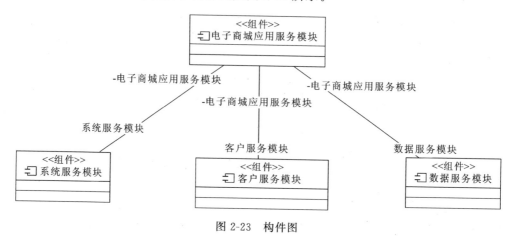

图 2-23　构件图

2.5.9　部署图

　　部署图显示了基于计算机系统的物理体系结构。换句话说,它可以描述计算机,展示它们之间的连接和驻留在每台计算机中的软件。

　　部署图的元素有节点和连接。其中,节点代表计算机资源,节点包括在其上运行的软件构件和对象。节点的图符是一个立方体。在部署图中各节点之间进行交互的通信路径称为连接。用节点之间的连线表示连接,在连线上要标注通信类型。一个简单的部署图如图 2-24 所示。

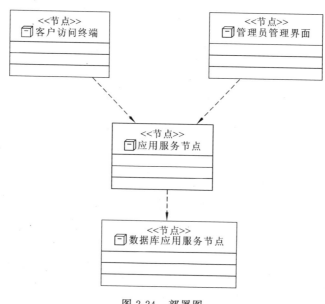

图 2-24　部署图

2.6　UML 与面向对象软件开发

面向对象的建模不仅是新的编程语言的汇总,还是一种新的思维方式,一种关于计算和信息结构化的新思维。面向对象的建模把系统看做相互协作的对象,这些对象是结构和行为的封装,都属于某个类,这些类具有某种层次化的结构。系统的所有功能通过对象之间相互发送消息来获得。面向对象的建模可以视为一个包含以下元素的概念框架:抽象、封装、模块化、层次、分类、并行、稳定、可重用和可扩展性。

面向对象的建模的出现并不能算是一场计算革命。更恰当地讲,它是面向过程和严格数据驱动的软件开发方法的渐进演变结果。软件开发的新方法受到来自两方面的推动:编程语言的发展和日趋复杂的问题域的需求。尽管在实际中,分析和设计在编程阶段之前进行,但从发展历史看,却是编程语言的革新带来设计和分析技术的改变。同样,语言的演变也是对计算机体系的增强和需求的日益复杂的自然响应。

大家关心的问题是这些 UML 模型图与面向对象软件过程之间的关系,即在哪个阶段可以运用哪些技术。下面介绍在面向对象软件开发中业务建模、需求、设计、实现和测试这几个流程中分别会使用 UML 的哪些图进行建模。如图 2-25 所示。

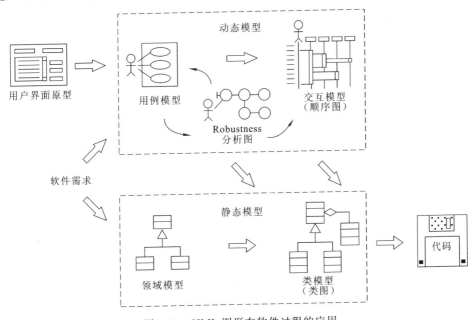

图 2-25　UML 图形在软件过程的应用

(1) 业务建模。采用 UML 的对象图和类图表示目标软件系统所基于的应用领域中的概念和概念间的关系。这些相互关联的概念构成了领域模型。领域模型一方面可以帮助软件项目组理解业务背景,与业务专家进行有效沟通;另一方面,随着软件开发阶段的不断推进,领域模型将成为软件结构的主要基础。如果领域中含有明显的流程处理部分,可以考虑利用 UML 的活动图刻画领域中的工作流,并标识业务流程中的并发、同步等特征。

（2）需求。在需求分析阶段，可以使用用例图、活动图、顺序图来理清系统的需求和需求的具体活动内涵。UML 的用例图以用户为中心，对系统的功能性需求进行建模。通过识别位于系统边界之外的参与者和参与者的目标，来确定系统要为用户提供哪些功能，并用用例进行描述。可以用文本形式或 UML 活动图描述用例，利用 UML 用例图表示参与者与用例之间、用例与用例之间的关系。采用 UML 顺序图图形描述参与者和系统之间的系统事件。利用系统操作契约刻画系统事件发生引起的系统内部状态变化。如果目标系统比较庞大，用例较多，则可以用包来管理和组织这些用例，将关系密切的用例组织到同一个包里，用 UML 包图刻画这些包及其关系。

（3）设计。UML 面向对象软件开发过程中把分析阶段的结果扩展成技术解决方案，包括软件体系结构设计和用例实现的设计。采用 UML 包图设计软件体系结构，刻画系统的分层、分块思路。采用 UML 协作图或顺序图寻找参与用例实现的类及其职责，这些类一部分来自领域模型，另一部分是软件实现新加入的类，它们为软件提供基础服务，如负责数据库持久化的类。用 UML 类图描述这些类及其关系，这些类属于体系结构的不同包。用 UML 状态图描述那些具有复杂生命周期行为的类。用 UML 活动图描述复杂的算法过程和有多个对象参与的业务处理过程，活动图尤其适合描述过程中的并发和同步。此外，还可以使用 UML 构件图描述软件代码的静态结构与管理。UML 部署图描述硬件的拓扑结构以及软件和硬件的映射问题。

（4）实现。把设计得到的类转换成某种面向对象程序设计语言的代码。

（5）测试。不同的测试小组使用不同的 UML 图作为他们工作的基础：单元测试使用类图和类的规格说明，集成测试典型地使用构件图和协作图，而确认测试使用用例图和用例文本的描述来确认系统的行为是否符合这些图中的定义。

UML 在面向对象软件开发过程的应用很广泛，它涉及开发流程的各个阶段。

2.7　本章小结

本章主要介绍了 UML 的发展历程、概念、模型观点和基本组成。UML 统一了 Jacobson、Rumbaugh 和 Booch 等典型的面向对象方法的概念，为所有方法使用共享的模型语言提供了一个标准平台。

模型是利用某种工具对同类或其他工具的表达方式。模型既可以是行为性的，体现系统的动态方面；也可以是结构性的，强调系统的组织。软件系统的模型用如 UML 的建模语言来表达，建模能帮助开发组对系统计划进行更好的可视化。

统一建模语言 UML 是一种直观化、明确化、构建和文档化软件系统产物的通用可视化建模语言，它的目的就是对面向对象系统进行可视化、详述、构造和文档化。

视图是对系统模型的组织和结构的投影，注重于系统的一方面，也就是说视图是表达系统某一方面的 UML 建模组件的一个子集。从两种角度将 UML 视图分为了 4＋1 模型和动静模型。4＋1 模型从 5 个视图的角度将系统描述为用例视图、逻辑视图、构件视图、进程视图和配置视图。从动静的层次看，UML 图可以分为结构视图、动态行为视图和模型管理视图。其中结构视图包括类图、对象图、用例图、构件图、部署图;行为视图包括顺序图、活动图、状态图,协作图;模型管理视图包括包图。

　　基本构造块、规则和公共机制是建模的 3 个主要组成元素。基本构造块包括事物、关系和图;UML 的规则用于命名、可见性和完整性等的制定,该规则鼓励专注于最重要的分析、设计和实现问题;公共机制包含规格说明、修饰、通用划分和扩展机制四种,其中扩展机制提供了语言的扩展能力,使 UML 更加简化,是公共机制中的重点。扩展机制包含三种:构造型、标记值和约束。

　　面向对象软件开发中,建模不仅仅是新的编程语言的汇总,它把系统看做相互协作的对象,这些对象是结构和行为的封装。系统的所有功能通过对象之间相互发送消息来获得。在面向对象软件开发中业务建模、需求、设计、实现和测试这几个流程中分别会使用 UML 的一些图进行建模。

2.8　习题 2

1. 填空题

　　(1) 一个优秀的模型要体现出那些具有广泛影响的_____,同时忽略那些与给定的抽象模型不相关的_____。

　　(2) UML 不止是一种用来绘图的表示法,它是一种_____、_____、_____和_____软件系统产物的通用可视化建模语言。

　　(3) 4+1 模型从 5 个视图的角度描述系统,分别是用例视图、_____、_____、_____和_____。

　　(4) 从动静的层次看,UML 图可以分为结构视图、_____视图和_____视图。结构视图属于静态模型,包括类图、对象图、_____、_____、部署图;行为视图属于动态类,包括_____、_____、_____,协作图;模型管理视图包括_____。

　　(5) 事物是实体抽象化的最终结果,是模型中的基本成员,UML 中包含_____、_____、分组事物和注释事物。

　　(6) UML 的扩展机制包括_____、_____和约束。

2. 名词解释

　　(1) 模型

　　(2) UML

　　(3) 扩展机制

　　(4) 构造型

3. 简答题

　　(1) 简述建模的原因。

　　(2) 简要介绍 UML 语言的目的。

　　(3) 什么是视图。

　　(4) 简述 4+1 模型中 5 个视图各自的作用和重要性。

　　(5) 简述动静模型的视图分类。

（6）介绍 UML 的关系种类和扩展机制。

（7）简述面向对象软件开发与 UML 之间的关系。

（8）请指出如下这个类中的构造型。

```
┌─────────────────────────────────┐
│          WashingMachine          │
├─────────────────────────────────┤
│           <<id info>>            │
│  brandName                       │
│  modelName                       │
│  serialNumber                    │
│         <<machine info>>         │
│  capacity                        │
├─────────────────────────────────┤
│        <<clothes-related>>       │
│  acceptClothes()                 │
│  acceptDetergent()               │
│                                  │
│        <<machine-related>>       │
│  turnOn()                        │
│  turnOff()                       │
└─────────────────────────────────┘
```

第3章 需求分析与用例建模

Frederick Brooks 在 1987 年提出开发软件系统最为困难的部分就是准确说明开发什么,最为困难的概念性工作就是编写出详细技术需求,这包括所有面向用户、面向机器和其他软件系统的接口,同时这也是一旦做错,最终会给系统带来极大损害的部分,并且以后再对它进行修改也极为困难。

统一软件过程中需求流的目标是让开发组织确定客户的需求。为了描述行为需求、软件系统或业务流程,用例正在被越来越多的人使用。初听起来,编写用例似乎是件很容易的事——只需要写清楚如何使用系统就可以了。然而编写用例就像写散文一样,既要采用单调的写作方式,又要富有完美的表达能力。本章将对统一软件过程中的需求分析过程和用例建模进行详细探讨。

3.1 需求分析

在谈论需求分析这个话题之前,先来看一个真实的例子,来自于人力资源部的 Maria 和开发人员 Phil 之间的一段对话。

Maria:一个职员 Sparkle 想改名字,系统不允许,能帮忙吗?

Phil:她结婚了吗?

Maria:没有啊,系统好像只有在修改婚姻状况时才能改名。

Phil:是啊,当时你们没有告诉我系统要处理这样的情况,所以只能在修改婚姻状况对话框中改变姓名啊。

Maria:每个人都可以随时改变姓名,只要她愿意,请在下周五之前解决这个问题,否则 Sparkle 无法支付她的账单。

Phil:这不是我的错啊,我从来不知道你们需要处理这种情况,我现在正在忙别的系统,一周内不行,很抱歉。

Maria:那我怎么跟 Sparkle 说呢? 她不能付账单,只能挂账了。

Phil:你要明白,这不是我的错,如果你一开始就告诉我,就不会发生这种情况了,你不能因为我未猜出你的想法而责备我。

Maria 愤怒地屈服:好吧,好吧,真是恨透计算机系统了,等你修改好了,马上通知我,行吧?

上述情况真实地发生在许多公司的项目中,就是由软件需求过程中收集、编写、协商、修改产品的手续和做法失误带来的。因此,弄清楚软件需求流中的任务和过程是非常必要的。

软件需求活动的目的是定义系统的边界和功能、非功能需求,以便涉众(客户、最终用户)和项目组对所开发的内容达成一致;使项目组能够更好地理解需求并达成一致;建立软件需求基线供软件工程和管理使用;软件计划、产品和活动同软件需求保持一致,为其他软件工程活动(如管理活动、测试活动)提供基础。

需求分析是在软件系统分析人员的操作下进行的,在这个过程中,用户和开发者之间需要达成的是对系统的一致性需求认识。实际上,可以把软件系统分析人员看成软件用户与软件开发技术人员之间的信息通道,其作用是使用户对软件问题的现实描述能够有效地转变为开发软件的技术人员所需要的对软件的技术描述,以方便技术人员对软件的技术构建。

软件需要解决的是用户所面临的现实问题,但是,这些现实问题需要由软件技术人员解决。情况往往是,开发软件的技术人员精通计算机技术,但并不熟悉用户的业务领域;而用户清楚自己的业务,却又不太懂计算机技术。因此,对于同一个问题,技术人员和用户之间可能存在认识上的差异。也因此,在软件技术人员着手设计软件之前,需要由既精通计算机技术又熟悉用户应用领域的软件系统分析人员对软件问题进行细致的需求分析。

3.1.1 需求分析的任务

需求分析需要实现的是将软件用户对于软件的一系列意图、想法转变为软件开发人员所需要的有关软件的技术规格,并由此实现用户和开发人员之间的有效通信,它涉及面向用户的用户需求和面向开发者的系统需求这两方面的工作内容。

1. 用户需求

这里先介绍一下业务需求(business requirements)。业务需求是从客户角度提出的对系统的要求,一般也称为初始需求。业务需求通常由软件开发人员搜集,可能描述在合同或合同关于需求的附件中。

对于不同的客户,所提供的业务需求的详细程度和需求层次可能是不一样的。有的客户只提供关于系统的顶层功能,甚至没有提供完整的业务需求,在这种情况下,需要再次进行业务需求获取工作,以帮助用户确定最终系统的总体范围和目标。有的时候,用户可能会提供完整的需求说明书,在这种情况下,开发方需要逐一审核需求文档,以确定需求的定义、范围和目标能否实现。

如果业务需求是关于企业的发展要求、企业的运行思路等,那么用户需求就是用户关于软件的一系列意图、想法的集中体现,涉及软件的操作方式、界面风格、报表格式,用户机构的业务范围、工作流程,以及用户对于软件应用的发展期望等。因此,用户需求就是用户关于软件的外界特征的规格表述。实际上,用户需求提出了一个有关软件的基本需求框架,具有以下特点。

(1)用户需求直接来源于用户,可以由用户主动提出,也可以通过与用户交谈或对用户进行问卷调查等方式获取。由于用户对计算机系统认识不足,分析人员有义务帮助用户挖掘需求,例如,可以使用启发方式激发用户的需求想法。如何更有效地获取用户需求,既是一门技术,也是一门思维沟通艺术。

(2)用户需求需要以文档的形式提供给用户审查,因此需要使用流畅的自然语言或简洁清晰的直观图表进行表述,以方便用户的理解与确认。

(3)可以把用户需求理解为用户对软件的合理请求,这意味着,用户需求并不是开发者对用户的盲目顺从,而是建立在开发者和用户共同讨论、相互协商的基础上。

(4)用户需求主要是为用户方管理层撰写的,但用户方的技术代表、软件系统今后的操作者和开发方的高层技术人员,也有必要认真阅读用户需求文档。

2. 系统需求

系统需求是比用户需求更具有技术特性的需求陈述,是提供给开发者或用户方技术人员阅读的,并将作为软件开发人员设计系统的起点与基本依据。系统需求需要对系统在功能、性能、数据等方面进行规格定义,由于自然语言随意性较大,在描述问题时容易发生歧义,所以系统需求往往要求用更加严格的形式化语言进行表述,以保证系统需求表述具有一致性。系统需求涉及有关软件的一系列技术规格,包括功能、数据、性能、安全等多方面的问题。

1)功能需求

功能需求是有关软件系统的最基本的需求表述,用于说明系统应该做什么,涉及软件系统的功能特征、功能边界、输入/输出接口、异常处理方法等方面的问题。也就是说,功能需求需要对软件系统的服务能力进行全面、详细地描述。在结构化方法中,往往通过数据流图来说明系统对数据的加工过程,它能够在一定程度上表现出系统的功能动态特征。也就是说,可以使用数据流图建立软件系统的功能动态模型。

2)数据需求

数据需求用于对系统中的数据,包括输入数据、输出数据、加工中的数据、保存在存储设备上的数据等,进行详细的用途说明与规格定义。在结构化方法中,往往使用数据字典对数据进行全面、准确地定义,例如,数据的名称、别名、组成元素、出现的位置、出现的频率等。

3)其他需求

其他需求是指系统在性能、安全、界面等方面需要达到的要求。

需求分析活动完成后的输出包括需求说明文档、需求规格说明书、项目执行概要、用例、顺序图及文字描述、系统测试计划、更新项目文档、更新计划、更新每周报告。

3.1.2 需求管理

需求管理指认识和管理对产品的全部需求,并确保主生产计划反映这些需求的功能。需求管理的目的是在客户和软件项目之间就需要满足的需求建立和维护一致的约定,包括:建立软件需求基线供软件工程和管理使用,软件计划、产品和活动同软件需求保持一致(CMU/SEI CMM 1.1)。约定包含在编写的需求规格说明与模型中,"客户"可以理解为系统工程组、市场方、其他内部组织或外部客户,需求的约定应包括技术和非技术(如交付日期)的需求,约定形成了在项目整个生命中项目估算、计划、执行、跟踪活动的基础。需求管理活动过程如图 3-1 所示。

1. 制定需求管理计划

在进行需求管理活动前,首先需要编写需求管理活动计划,它一般同编写软件开发一

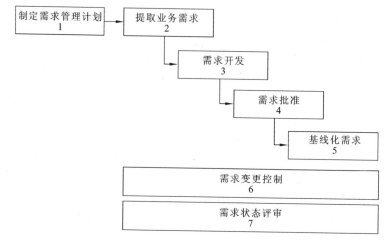

图 3-1　需求管理活动过程

起进行。制定需求管理计划包括:确定参与人员、定义角色和职责、建立跟踪机制、选择需求属性、定义需求管理机制、编写需求管理计划。

1) 确定参与人员

确定参与的人员或小组,并要求具有技术和非技术性的需求技巧。与参与人员就下一个需求开发活动做什么、谁负责、什么时候进行达成一致。

2) 定义角色和职责

定义项目的需求管理中参与的角色和相应的职责。如变更控制经理的职责、变更控制经理监控变更控制过程,这个角色通常由变更控制委员会(Configuration Control Board,CCB)担任,由来自各个相关小组的代表组成,包括客户、开发者、用户,在小型团队,可能由项目经理或软件构架师担任。

3) 建立跟踪机制

首先应对需求进行分类,确定需要管理和跟踪的需求级别(如业务需求、软件需求);另外确定非技术需求,不需要在本次需求活动中文档化的非技术需求(可能已被开发)应当被确定、记录(文档化)并理解。这些需求可能包括:移交的产品、移交日期、应用程序的限制、可用性、确定开发模型、定义各种需求类型之间跟踪的方式(如软件需求跟踪到业务需求)。

4) 选择需求属性

定义需求配置标识规则和需求项的属性。属性用于报告、跟踪需求项的状态。项目可以根据情况确定需要的需求属性,常用的属性包括如下几种。

(1) 风险:引入需求对项目造成的风险。

(2) 优先级:优先级由市场、产品经理或业务分析人员(有时候需要同客户一起)确定,优先级制定实现特性的重要度,这个特性用于管理范围和决定开发的优先级。

(3) 工作量:对开发这项需求需要使用的工作量的估算。

(4) 稳定性:稳定性由系统分析人员确定,可以帮助确定开发的优先级,确定下一个活动是否需要进行更多的需求获取工作。

（5）对构架的影响。

（6）费用：估算的费用，同工作量。

需求的配置标识同配置管理的配置标识一样均可称为 CSCI（Computer Software Configuration Item），但一般来说，需求配置的管理会独立于其他软件项的管理。如采用 RequestPro 等进行存储和管理，而采用用户其他版本和配置管理工具如 Visual SourceSafe、ClearCase 等工具进行软件单元和文档的管理。这主要是因为需求管理是基于内容的管理，而基于不是文档的管理。

5）定义需求管理机制

定义需求管理的机制，包括报告和度量机制、变更请求管理机制等。

6）编写需求管理计划

以文档的方式记录需求管理计划。

2. 提取业务需求

从合同或正式的开发方与用户达成一致的关于开发内容的承诺文档。应收集承诺的用户初始需求，从合同或合同的附件、前景文档中收集关于开发约定的承诺性的内容，包括功能性和非功能性的约定、期望的业务目标。提取的需求应同需求管理计划中定义的需求类型一致。根据需求管理计划中的定义，对收集的需求项进行分类并标识，定义需求的属性，放入需求管理库中。

需求获取通常从分析当前系统包含的数据开始。首先分析现实世界，进行现场调查研究，通过与客户的交流，理解当前系统是如何运行的，了解当前系统的机构、输入/输出、资源利用情况和目前数据处理过程，并用一个具体模型反映系统分析员对当前系统的理解。这就是当前系统物理模型的建立过程。这一模型应客观地反映现实世界的实际情况。

1）进行调查

通过需求研讨会议、访谈、观察或其他方法，以相互理解的方式获得技术或非技术需求。

2）编写、更新项目前景

如果要定义或修改项目的视图和范围就需要编写（第一次需求活动）或更新项目的前景文档。前景文档定义了项目的视图和范围，包括高层的产品业务目标。前景定义的是高层业务需求。

3）捕获候选技术需求

用户任务需要、变更的需要都可作为候选技术需求或非技术需求的来源。各种层次的候选需求和支持的理由最后都需要保留用于需求管理过程。

4）捕获非技术需求

影响系统、软件、项目验收标准的需求，包括可用性、程序约束等。

3. 需求开发

需求开发指对客户的需要进行分析，并用清晰合理的方式进行描述，使客户方和开发方对开发的内容达成一致。需求分析的目的是决定将候选的需求转换为正式的需求。以正式的方式描述需求,建立需求跟踪。

1) 需求分类

需求可以根据功能线或者性能线分组到不同的分类和相关的单元,分类示例如下。

(1) 分类(如功能区、需求状态、安全性)。

(2) 分配(如平台、系统、硬件、软件、子系统、组件)。

2) 建立跟踪

分析每个需求以确定追溯到需要、目标、高层需求。

3) 整理需求

分析获取的需求项,确定需要正式陈述的需求项。

4) 需求正式描述

需求正式描述要求需求的陈述完整、正确地反映客户的需要。可以采用文档或者文档结合原型、CASE 工具输出的模型的方式生成软件需求工件。

4. 需求批准

需求批准是一种正式的管理过程,代表相关各方达成一致的承诺,以需求评审的需求工件作为批准的内容。它是确认需求正式作为项目管理和其他工程活动的基础,并作为客户之间承诺对系统进行验收的基准。

这里需要注意区分需求评审和需求批准。需求评审是需求开发活动中的一个子活动,对需求文档的正确性进行验证,以保证需求真实、完整地描述了客户的需要。需要涉众人员对需求的内容达成一致,包括客户、用户、开发方代表、其他涉众人员。

需求批准更像一个行政的流程,由高级管理者、客户和变更控制委员会(Change Control Board,CCB)签署认可,一般来说,它并不对需求内容的正确性进行验证,但它要求只有经过需求评审的需求才能被批准。

经过批准的需求将进入需求管理库中作为正式的需求项,同时会影响系统的验收标准、开发计划和相关的开发活动(如对一个需求的更改会影响相应的设计)。高级管理者一般由开发方直接负责项目管理的管理人员担任。在这里的 CCB 代表了除客户之外其他对需求进行管理的个人或组织。

5. 基线化需求

基线化的目的是在客户和项目组的授权下,将批准的正式的软件需求工件放入配置管理系统。而正式的软件需求工件、需求跟踪工件进入配置库,作为其他相关活动(管理、设计、测试等)的基础。

需求工件在不同的开发过程或项目中可能不同,一个典型的采用 RUP 方法进行开发的项目可能产生的需求工件包括前景、用例模型、用例说明书,而传统的软件工程方法则一般提供需求说明书(Software Requirements Specification,SRS)(也叫需求规约),参看具体工程方法对应的模板。

需求基线化进入的配置库根据采用的需求管理工具决定,可以把需求管理工件作为文档放入文档配置库中,如果有专门的需求管理工具,并且需求管理工具也支持基线化,那么可以直接利用需求管理工具进行基线化。

6. 需求变更控制

（1）需求一旦建立基线后，就需要通过控制流程来改变。

（2）需求的变更需要经过 CCB 的批准。

（3）变更后的需求需要经过客户、用户和相关组的评审，并经过 CCB 审核后进入配置管理，作为工作基线。

（4）一般来说，一个项目只有一个 CCB，负责软件开发过程中的过程控制，但对于不同的控制内容，CCB 可能会分为不同小组或不同的专门 CCB，如负责设计文档控制的 CCB 和负责需求管理的 CCB 可能会不一样，因为负责需求管理的 CCB 要求客户参与，而负责设计文档控制的 CCB 一般不需要客户参与。

7. 需求状态评审

高级管理者和项目经理通过需求状态评审监控需求管理的状态。项目组通过需求状态评审对需求状况达成一致。

1）报告需求状态

生成需求管理状态报告，报告包括如下内容。

（1）需求变化情况。需求建议的数量和批准的数量，需求变更的状态。

（2）需求状态跟踪情况。需求项的状态，跟踪表。

2）举行评审会议

举行需求状态评审，陈述需求状态报告，评审人员对当前需求的状况、变化情况进行评估，确认报告正确地反映了需求的状况，需求的影响根据规定反映给其他活动（如软件项目计划与项目监控和跟踪）。

评审会议后生成评审记录。需求状态的评审会议可能是项目状态评审会议的一部分，也可能是独立的需求状态评审会议。

需求确认后需要进行跟踪管理活动。在某种程度上，需求跟踪提供了一个表明与合同或说明一致的方法。更进一步，需求跟踪可以改善产品质量，降低维护成本，而且很容易实现重用，如图 3-2 所示。

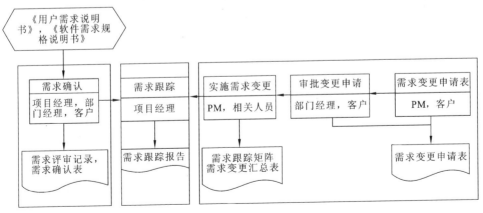

图 3-2　需求管理过程图

3.2 用例模型

3.2.1 用例方法思想

假如有个人坐在沙发上看电视,当要换台时,会拿起遥控器对上面的按钮进行操作。遥控器上除了按钮没有任何说明信息,如果熟悉它的操作就可以使用它。但当使用的是一款新型产品时,产品上没有任何说明信息,甚至得不到一点关于如何使用它的暗示。那么只能随机地按动按钮,并观察会发生什么。如果不经过多次的尝试和实验,很难立即说出它的作用或如何正确使用它。

软件密集型系统也是这样。例如,将一个系统交给一名用户并令其使用它。如果这个系统遵循用户熟悉的操作系统平台的一般使用惯例,那么用户勉强可以开始使用它做一些有用的事。和拿遥控器换台一样,用户关心的只是按下按钮的结果,并不关心遥控器内是如何运行的,一个用户不可能以这种方式理解它的更复杂、更精细的行为。但对于一个开发者,可能面对的是一个遗留系统或一组构件并去使用它。在对它们的用法形成一个概念模型之前,很难立即知道如何使用那些元素。

这也正是用例方法的基本思想:从用户的角度看,他们并不想了解系统的内部结构和设计,他们关心的是系统所能提供的服务,也就是开发出来的系统是如何使用的。就像大多数用户是因为喜欢功能而购买产品,这些用户想买的功能就是产品的用例。用户关注的是产品的功能,而非产品的实现细节。

用例的概念是在 20 世纪 60 年代后期,Ivar Jacobson 在爱立信公司电话系统工作时提出的。在 20 世纪 80 年代后期,他将用例引入了面向对象编程领域,在面向对象编程领域人们认识到用例可以填补需求分析过程中的一个明显的空白。

用例模型能够简洁明了、规范化、无歧义地描述需求,便于开发人员与客户沟通,尽快对需求取得共识,为系统的进一步开发奠定基础。

3.2.2 用例模型的基本元素

用例图是显示一组用例、参与者和它们之间关系的模型图。用例模型主要用来图示化系统的主要事件流程,它主要用来描述客户的需求,即用户希望系统具备的完成一定功能的动作。用例图有三个关键点:(1)用例模型是用来捕捉系统需求的一种技术;(2)用例是通过描述系统和系统用户之间的典型交互来工作的;(3)通过叙述的方式描述系统是如何使用的。

用例图是设计系统分析阶段的起点。用例图是用来描述系统功能的,设计人员根据客户的需求创建和解释用例图,利用用例图描述软件应具备哪些功能模块和这些模块之间的调用关系。

一个电子商务系统管理用例图如图 3-3 所示。

用例模型主要由参与者、用例和通信关联这些模型元素构成。在用例模型中,直立人形图标代表参与者,椭圆代表用例,参与者和用例之间的关联线代表两者之间的通信关

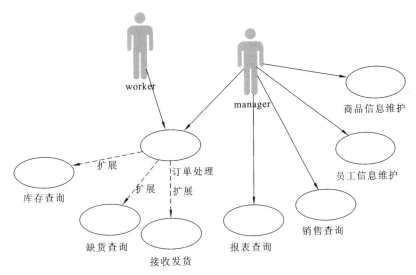

图 3-3　电子商务系统管理用例图

系。用例模型如图 3-4 所示。

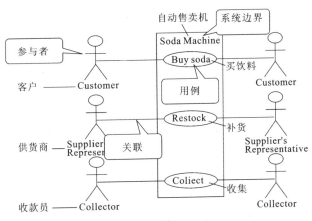

图 3-4　用例模型图

1. 参与者

参与者指存在于被定义系统外部并与该系统发生交互的人或其他系统,他们代表的是系统的使用者或使用环境。它在用例图中的图符是一个直立人形图表,如图 3-5 所示。

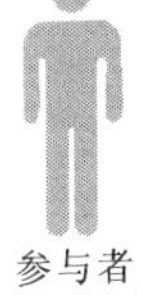

![参与者图符] 参与者

图 3-5　参与者图符

需要注意的是,尽管用例图中的参与者使用"人形"符号表示,但这并不意味着参与者就一定是一个人,它也可以是系统之外的机器、机构或其他系统等。并且参与者还是一个群体概念,它所体现的是系统之外的环境中的类,代表的是一类能够使用某个功能的人或物,而不是某个个体。事实上,一个具体的人、机构、部门等,在系统中可以担任多种不同的参与者角色。

2. 用例

用例用于表示系统提供的服务,它定义了系统是如何被参与者使用的,它描述的是参与者为了使用系统所提供的某一完整功能而与系统之间发生的一段对话。它是用例图中最基本的图形元素(见图 3-6),代表了组成系统的业务类元。

每个用例都必须有一个区别于其他用例的名称,名称是一个文字串。单独的名称叫做简单名;在用例名前加上它所属于的包的名称的用例名叫路径名,如图 3-7 所示。

图 3-6　用例图符　　　　　　图 3-7　简单名和路径名

3. 通信关联

通信关联用于表示参与者和用例之间的关系,它表示参与者使用了系统中的哪些服务,或者说系统所提供的服务是被哪些参与者所使用的。用例图使用线段把参与者与用例连接起来,以反映两者之间的通信。其中,单个参与者可与多个用例联系;反过来,一个用例也可与多个参与者联系。但对于同一个用例,尽管有许多参与者与它联系,然而不同的参与者会有不同的作用。通信关联如图 3-8 所示。

4. 系统边界

在用例图中,阴影矩形框用来表示系统边界。如图 3-9 所示。

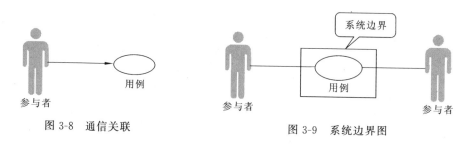

图 3-8　通信关联　　　　　　图 3-9　系统边界图

3.3　用例

3.3.1　用例的概念

用例用于表示系统所提供的服务,定义了系统是如何被参与者使用的,它描述的是参与者为了使用系统所提供的某一完整功能而与系统之间发生的一段对话。

用例描述了在不同条件下,系统对某一项相关人员的请求所作出的响应。提出请求的项目相关人员称为参与者。参与者通过发起与系统的一次交互来实现某个目标。根据参与者提出的请求和请求涉及的条件,系统将执行不同的行为序列,每一个行为序列称为场景。一个用例是多个不同场景的集合。

在理解用例概念的过程中,需要知道场景是什么,弄清场景和用例之间的关系。场景是描述系统和用户交互的一系列步骤。而用例是由为实现一个共同的用户目标的一组场景构成的,描述了执行者与系统交互的一个完整过程。

例如,现在要设计一个电子商城,为了获得用户的观点,需要访问许多可能的用户以了解这些用户将如何在这个电子商城中进行交互行为。电子商城的主要功能是允许一个顾客购买自己想要的产品,很可能用户立刻就能提供一组有关的场景(用例),可以给这组场景加上一个标签"订购产品"。下面来考察这个用例中一些可能的场景。在正常的系统开发中,在与用户交谈的过程中就能发现这些场景。

(1) 场景 1:选择喜爱的商品加入购物篮确认,选择物流、地址和信用卡支付,输入卡号、密码等信息,系统核实正确后交易成功,随后以 e-mail 通知用户。

(2) 场景 2:选择喜爱的商品加入购物篮确认,选择物流、地址和信用卡支付,输入卡号、密码等信息,系统核实信息错误,则交易失败。

(3) 场景 3:选择喜爱的商品加入购物篮确认,选择物流、地址,使用支付宝快捷认证,输入支付宝付款密码,系统核实后完成交易。

这个用例的参与者是订购产品的顾客。虽然在购买商品的过程中会发生很多种不同情况,形成许多场景,但是这些场景具有一个共同的目标,就是购买产品。可以将购买产品定义为一个用例,那么这个用例由三个具有共同目标的场景组成。通过这个例子应该对"一个用例是多个不同场景的集合"有了更深的理解。

下面再举一个通过自动饮料销售机买饮料的例子,如图 3-10 所示。

(1) 场景 1　正常执行:顾客将钱投入销售机、选择饮料、销售机提供饮料给顾客。

(2) 场景 2　没有所需饮料:销售机提示没有所选择的饮料、顾客选择其他品牌饮料/选择退钱、顾客得到一罐饮料/钱被退回。

(3) 场景 3　付款数不正确:机器中刚好有合适的零钱则退还零钱并交付饮料;机器中没有保存零钱则退还钱,并提示顾客投入适当的钱币;机器储备的零钱用光,提示用户需要投入适当的零钱。

在这个例子中,买饮料就是用户与自动饮料销售机交互的一项动作,换句话说,是自动饮料销售机提供的一项服务,可以定义为用例,它是由正常执行、没有所需饮料、付款数不正确三个场景组成的,这三个场景具有共同的目标——买饮料。

图 3-10　自动饮料销售机

用户并不总是能够容易、清楚地阐明他们到底要怎样使用系统,传统的系统开发常常是一种缺少前端分析的偶然过程。因此,当被问到用户如何执行系统时他们往往不知所云。与此相对,用例是一个能促进系统可能的用户以他们自己的观点看待系统的优秀工具。

一个用例描述一组序列,每一个序列表示系统的参与者与系统本身的交互。这些行为实际上是系统级的功能,用来可视化、详述、构造和文档化在需求获取和分析过程中所希望的系统行为。

在 3.3.2 节将会介绍,一个用例可以有变体。在所有有趣的系统中,将发现用例的几种变体:作为其他用例的特化版本的用例、包含在其他用例中作为其一部分的用例、延伸其他核心用例的行为的用例。

采用用例的技术,可以使系统分析员站在用户的角度来描绘系统,开发出用户合意的系统,用户通常在意系统的 what,而非系统的 how。他们想知道系统提供什么样的服务,以及该如何与系统交互才能够获取这些服务,但是不想知道系统内部的执行细节。

3.3.2　系统用例和业务用例

用例可以用来表达用户与信息系统的交互过程,也可以用来表达顾客与企业组织的交互过程,为区分两者,特将前者称为系统用例,后者称为业务用例。在需求分析中谈到需求分为用户需求和系统需求两种,那么针对这两种需求,用例也存在系统用例和业务用例两种。

例如,在基金模拟项目中,有些投资人不会使用计算机,所以不可能使用网上基金系统申购基金,这些投资人会到银行柜台,委托理财专员代为申购基金,其间的交互就是一项业务用例。请看图 3-11 中的申购基金(业务用例),表达了投资人(业务执行者)为了申购基金,与银行(企业)交互的过程。

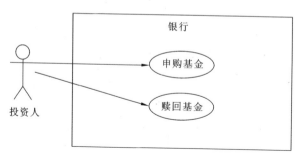

图 3-11　业务用例

业务用例模型与系统用例模型有很多相似之处。业务用例说明与系统用例说明的格式十分相似,但是在设计范围上有些分歧。业务用例的设计范围是业务操作。它是这个组织外部的业务参与者,实现与业务组织相关的业务目标。简单地说,这个定义标识了一些重要点,例如,一个业务用例描述的是业务过程而不是软件系统过程;一个业务用例为涉众创造价值。这些涉众要么是业务参与者,要么是业务工作者;一个业务用例可以超越组织的边界。有些构架师对于这一点有非常严密的态度。

系统用例的设计范围就是这个计算机系统设计的范围。它是一个系统参与者与计算机系统一起实现一个目标。系统用例就是参与者如何与计算机技术相联系,而不是业务过程。业务用例与系统用例的区别是设计范围。

既然已经讨论了业务用例模型和系统用例模型之间的相似之处,下面就看看它们的不同点。

业务用例是用来捕获功能性需求的,功能性需求是由参与者的业务目标体现的。也就是对于参与者,他所负责的业务需要由一系列业务目标组成。例如,一个档案管理员,他的业务目标就是维护档案;而论坛管理员,他的业务目标有维护用户、维护帖子等。这些业务目标构成了参与者的职责,业务用例体现了需求。

需求的实现有多种方式。如何实现它,是由系统用例体现的,它们并不是一个简单的细分关系,虽然看上去像。例如,维护档案这个业务目标,会有多种不同的用例场景完成它,这些场景包括如何增加档案、如何修改档案、如何删除档案等。对于系统用例,就是通过分析这些场景,来决定哪些场景中的哪些部分是要纳入系统建设范围的。例如,维护档案业务用例中,假设由于某个原因修改档案很困难,只能通过先删除再全部重建的方式来实现,那么系统用例就增加档案、删除档案,而没有修改档案。

业务用例和系统用例是分别站在客户的业务视角和系统建设视角来规划的。业务用例不是接近,而是完全的直接需求,系统用例也不是业务逻辑的详细划分,而是系统对需求的实现方式,但不是与程序设计无关,只是要建设的系统功能性需求由这些系统用例构成。所以业务用例和系统用例都是需求范畴,它们分别代表了业务范围和系统范围。

3.4 执行者

执行者是指在系统外部与系统交互的人或其他系统,以某种方式参与系统内用例的执行。"与系统交互"是指执行者向系统发送消息,或从系统接收消息,或与系统交换信息。简单地说,执行者执行用例,如在自动饮料销售机买饮料的例子中,当某饮料需要添加时,供货人员就是供货用例的执行者。

在定义执行者时应该注意一些问题。

(1) 执行者之间可以有泛化关系。执行者是一个类,类之间的关联也适用于执行者。

(2) 执行者代表的是一种角色而不是一个人。

(3) 执行者可根据不同情况进行分类。执行者可分为主执行者和副执行者。主执行者使用系统的主要功能;而副执行者处理系统的辅助功能。就像在电子商城运作中管理员和一般员工的关系。管理员负责销售查询、员工信息维护等功能;一般员工负责订单处理、库存查询等功能。这两类执行者都要建模,以保证描述系统完整的功能特征。执行者还可分为主动执行者和被动执行者。主动执行者启动一个或多个用例;被动执行者从不启动用例,只是参与一个或多个用例。

有时不同用户都具有启动用例的特性,建议在图面上绘出最重要或最主要的启动者,其余启动者记录在用例叙述里,这样可以降低图面的复杂度。

3.5 用例关系

前面已经介绍过,用例是从系统外部可见的行为,是系统为某一个或几个参与者提供的一段完整的服务。在用例模型中,用例和执行者有关联,用例之间也可以有关联。虽然从原则上,用例之间都是独立、并列的,它们之间并不存在包含、从属关系。但是为了体现一些用例之间的业务关系,提高可维护性和一致性,用例之间可以抽象出包含、扩展和泛化几种关系。

3.5.1　包含关系

在包含关系中,一个基本用例的功能包含另一个用例的功能。包含关系最典型的应用就是复用。但是当某用例的事件流过于复杂时,为了简化用例的描述,也可以把某一段事件流抽象成为一个被包含的用例;这种情况类似于在过程设计语言中,将程序的某一段算法封装成一个子过程,然后再从主程序中调用这一子过程。

包含关系:使用包含(inclusion)用例来封装一组跨越多个用例的相似动作(行为片断),以便被多个基(base)用例复用。

在 UML 中,用一个带箭头的虚线连接两个用例,在虚线上方注明构造型包含,表明两个用例之间具有包含关系(见图 3-12)。

图 3-12　用例之间的包含关系

图中,虚线箭头从"基本用例"指向"被包含用例",说明"基本用例"包含"被包含用例"的功能。当有几个"基本用例"都指向同一个"被包含用例"时,说明这几个"基本用例"都包含该"被包含用例"的功能。采用包含关联描述,可以把几个"基本用例"共有的公共功能提取出来,放到一个"被包含用例"中描述,以免几个"基本用例"对共有行为、功能进行重复描述。在两个或多个用例中出现重复描述,又想避免这种重复描述时可采用包含关系。

例如,自动饮料销售机,打开销售机与关闭销售机是两个基本动作,是无论上货还是取款的过程中都会经历的两个基本动作。因而,可以将二者抽象为被包含用例,采用包含关系对"上货"、"取款"与"打开销售机"、"关闭销售机"四个用例关系进行建模。如图3-13 和图 3-14 所示。

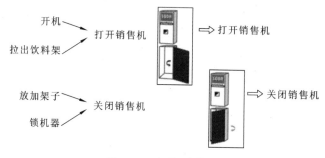

图 3-13　上货、取货图

再例如,在亚马逊网店购买成功后会收到一封电子邮件进行确认,在退货或者修改订单等情形下也会收到电子邮件。那么,可以将电子邮件通知作为一个被包含用例,如图 3-15 所示。

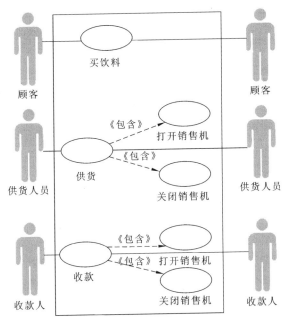

图 3-14　上货、取货用例图

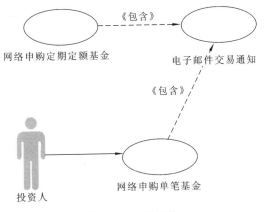

图 3-15　包含用例

3.5.2　扩展关系

　　用例中的扩展关系是一种依赖关系,通过对已有用例增加步骤创建一个新的用例。扩展只能发生在基用例的序列中的某个具体指定点上,这个点叫做扩展点。两个用例之间可

图 3-16　用例中的扩展关系

以有扩展关系,用以表示某一个用例的对话流程,可能会按条件临时插入另一个用例的对话流程中。前者称为扩展用例,后者称为基用例。用例中的扩展关系如图 3-16 所示。

　　(1) 有了扩展关系后,便可以将特定条件下才会引发的流程记录于扩展用例中。

　　(2) 简言之,扩展关系来自于用例内执行活动的过程,分为主要过程(main course)和

可选择性过程(alternative course)。

例如,在银行的申购交易中,可以依据投资人的要求打印申购回执联。那么打印回执联的动作是扩展出来的,是按客户的需求,在一定条件下才会发生的动作。因而可以建模为扩展关系。再例如,客户在 ATM 自动存取款机取款时也会遇到是否需要打印凭条的选择,ATM 自动存取款机会依据客户的选择执行下面的动作。此处,"打印凭条"也是"取款用例"的扩展用例。取款用例扩展图如图 3-17 所示。

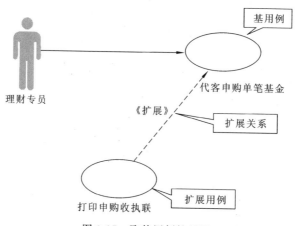

图 3-17　取款用例扩展图

在 UML 中,扩展用例的规则限制比较多:(1)基本用例是可以独立的;(2)在一定条件下,基本用例的动作可由另一个用例扩展而来;(3)基本用例必须注明若干扩展点,扩展用例只能在这些扩展点上增加一个或多个新的动作;(4)通常将一些常规的动作放在一个基用例中,将非常规的动作放在它的扩展用例中;(5)扩展关系由带箭头的虚线表示,虚线上注明构造型《扩展》;(6)箭头从基用例指向扩展用例。

3.5.3　泛化关系

图 3-18　用例之间的泛化关系

泛化关系是类元的一般描述和具体描述之间的关系,具体描述建立在一般描述的基础上,并对其进行了扩展。泛化用从子指向父的箭头表示,指向父的是一个空三角形(如图 3-18 所示)。多个泛化关系可以用箭头线组成的树表示,每一个分支指向一个子类。此处表示具有泛化关系的用例之间的建模。

例如,业务中可能存在许多需要部门领导审批的事情,但是领导审批的流程是很相似的,这时可以利用泛化关系表示。审批示例泛化图如图 3-19 所示。

综合考虑用例的三种关系和系统状态,泛化与包含用例属于无条件发生的用例,而扩展属于有条件发生的用例。泛化侧重表示子用例间的互斥性;包含侧重表示被包含用例对参与者提供服务的间接性;扩展侧重表示扩展用例的触发不定性。

(1) 条件:综合考虑针对用例的三种关系和系统状态,泛化与包含用例属于无条件发生的用例,而扩展属于有条件发生的用例。

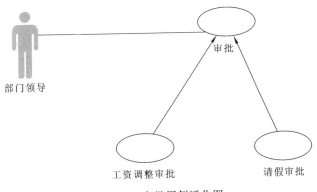

图 3-19　审批用例泛化图

（2）直接／间接服务：用例的存在是为 actor 提供服务，但用例提供服务的方式可分为间接和直接两种，泛化中的子用例提供的是直接服务，同样，扩展用例提供的也是直接服务，而包含中的被包含用例提供的是间接服务。

3.6　用例描述

应该避免这样一种误解——认为由参与者和用例构成的用例图就是用例模型，用例图只是在总体上大致描述了系统所能提供的各种服务，让人们对系统的功能有一个总体的认识。除此之外，还需要描述每一个用例的详细信息，这些信息包含在用例规约中，用例模型是由用例图和每一个用例的详细描述——用例规约组成的。

用例描述有许多种方法，如简单文字、模板、表格、形式化语言和图形等，开发人员可根据项目进展和用户特点灵活选择。用例规约基本上是用文本方式表述的，为了更加清晰地描述事件流，也可以选择使用状态图、活动图或序列图来辅助说明。只要有助于表达的简洁明了，就可以在用例中任意粘贴用户界面和流程的图形化显示方式或其他图形，如活动图有助于描述复杂的决策流程，状态转移图有助于描述与状态相关的系统行为，序列图适合于描述基于时间顺序的消息传递。

用例描述由基本用例信息、执行流程、条件或规则以及相关文档构成。

3.6.1　基本用例信息

在基本用例信息中，要有用例名称、用例编号、用例简述、用例图、系统、执行者和相关用例。

需要注意的是，用例简述只要言简意赅说明该用例即可，以增强用例叙述的可理解性；在用例叙述的开头处附上相关的用例图件，不仅可以一目了然地得知用例的名称、执行者名称等，也丰富了用例叙述的表达方式，摆脱文字格式的单调性；在相关用例方面，常见的相关性有两方面：一方面是执行用例前必须先执行某相关用例；另一方面是执行用例期间可能驱动其他的包含用例，或是因条件符号驱动其他的扩展用例。一个完整的用例描述如表 3-1 所示。

3.6.2　执行流程

在 UML 中有三种执行流程：主要流程、替代流程和例外流程。

1）主要流程

主要流程是用例叙述最核心的部分，其记载了整个用例正常的执行过程。

2）替代流程

一个用例叙述通常会包含一段主要流程，同时可以包含数段替代流程。如果将主要流程比喻成经常使用的大马路，替代流程就是比较少用的羊肠小道，不过走完一段羊肠小道之后，还是会再度接回大马路。

3）例外流程

例外流程跟替代流程不同，替代流程这条小径的尽头会接回主要流程，可是一旦进入了例外流程，系统将不会继续执行剩下的主要流程。也就是说，例外流程这条小径的尽头不会接回主要流程。

例如，在基金模拟项目中，投资人上网申购单笔基金的正常流程就是主要流程。可是，有些投资人在申购的过程中可能不是这么顺畅。例如，单笔申购国内基金最低金额是一万元，如果投资人没有注意这个约束，键入了低于一万元的申购金额，这时可以用替代流程来说明如何处理这种情况。

替代流程跟例外流程有细微差异。用例成功执行的过程中，正常流程就是主要流程，期间出现的小插曲就是替代流程，但是，例外流程处理的是用例执行失败的情况，例如，网络有问题，导致申购交易时间逾时，这时候“上网单笔申购基金”的系统用例执行失败，引发例外流程来处理用例执行失败的事件。

3.6.3　条件或规则

条件或规则包括如下内容。

（1）启动事件或条件：记录启动用例的重要事件或条件。

（2）前置条件：这是执行用例之前的检验，只有在满足某些重要条件时，才会执行该用例，以确保用例可以正确执行。

（3）后置条件：相对于前置条件，后置条件代表当用例执行完毕时，可以通过后置条件自行检验是否执行成功。

（4）失败时状态：记录用例执行失败时的状态。

（5）业务规则：重要的业务规则或计算公式都要记录下来，业务人员在执行业务流程时，会用到许多重要的业务规则或计算公式，这些也都是系统必须遵守的条件或规则，所以必须记录下来。

3.6.4　相关文档

由于用例驱动是当今软件开发的基础模型，所以用例叙述常作为系统开发文件的汇集点，由它链接到相关的文档。一旦业务流程或需求有所变化，就可以快速搜寻出以用例叙述为首的一连串相关的文档，然后进行修改。

常见的相关文档如下。

（1）用例叙述的历史版本：用例改版时，用例叙述也同步改版，可以在现行版本里多加一个字段，以链接旧的历史版本和改版说明。

（2）UML 图：跟该用例相关的业务用例图、活动图、系统用例图、状态图、类图或序列图等。

（3）参考画面：有时候附上画面设计的图片，让阅读者可以对该用例有更具体的想象。

（4）其他非 UML 文档：如会议记录、PDF、Excel 电子文件、表设计等。

一个用例描述完整的例子如表 3-1 所示。

表 3-1　定期定额约定异动用例表

用例名称	定期定额约定异动
用例编号	SUC003
用例简述	投资人上网更改定期定额约定
用例图	投资人　定期定额约定异动
主要流程	系统列出可异动之定期定额交易清单 投资人从中选择一笔交易，经行异动修改 系统列出异动事项，包含变更扣款金额、扣款账户、扣款日期、扣款情况 投资人可以同时勾选多个异动事项，并按下"确定"键 系统出现异动之后的最新约定事项，供投资人进行最后确认 投资人按下"最后确认"键 系统电子邮件异动成功的通知给投资人
替代流程	4a)［金额不符］系统出现申购额必须为千元倍数的信息，回到主要流程 4，供投资人重新输入申购数据 4b)［金额过低］系统出现最低申购额的信息，回到主要流程 4，供投资人重新输入申购数据 4c)［金额过高］系统出现最高申购额的信息，回到主要流程 4，供投资人重新输入申购数据
业务规则	扣款日期之前一个金额机构营业日（不包括星期例假日）的营业时间内（09：00～15：00）异动，当次扣款才生效，逾期则下次扣款日期才生效

3.7　需求分析中的用例建模过程

根据 UML 的面向对象软件开发过程的要求，客户需求分析首先是对问题域的业务模型包括业务用例模型和业务对象模型进行建模，再从业务模型向系统模型延伸。通过建立问题域的业务用例模型和系统用例模型，最终建立起代表客户需求的完整的用例模型。用例模型是开发者和客户交流的纽带,客户应该能够看懂用例模型。用例模型既是软件项目开发的后续基础,也是开发活动的指南。

用例建模步骤总结为以下几步。

1) 划定系统边界和范围

系统的范围是系统问题域的目标、任务、功能、服务;换句话说,就是系统应做什么、不应做什么;系统与哪些外部事物发生联系、发生什么联系。系统的边界是指一个系统的所有系统元素与系统以外的事物的分界线。

客户需求分析的首要任务就是确定系统的范围和边界,将系统内部元素与系统外部的事物划分开。在用例图中,系统的边界用一个实线方框表示,可以把它看成一个黑盒子。系统开发的主要任务就是对系统边界内的元素进行分析、设计和实现,系统边界外部的事物统称为执行者。要想尽早划清楚系统的边界和范围,就要与用户反复多次交流、大量调查论证研究工作。

2) 确定执行者和用例

当划分了系统的范围并明确系统的边界后,从系统应用的角度出发,找寻那些与系统进行信息交换的外部事物,包括系统使用人员、硬件设备及外部系统,来进一步确定执行者。

可以从以下角度来寻找和确定执行者:谁使用系统的主要功能(主执行者);谁需要维护、管理和维持系统的正常运行(副执行者);谁读、写或修改系统中的信息(主动执行者);哪些人或哪些外部系统对系统产生的结果感兴趣(被动执行者)。

其中,直接使用系统的人员可以确定为执行者;直接向系统提供外界信息或在系统的控制下运行的硬件设备可确定为执行者;直接与系统进行交互的外部系统,可确定为执行者。执行者与用例是紧密相连的,只要确定了用例,相应的执行者就容易确定了。

前面已经提到,一般习惯上根据用例产生的阶段把用例分为业务用例和系统用例。通过与用户的反复交流,确定主要业务用例和次要业务用例。对于建立的每一个业务用例,都需要一组系统用例来辅助和支持。系统用例用于建立系统用例模型,可通过分析系统的业务流和控制流来寻找和确定系统用例。在系统开发的开始阶段,应该把注意力集中在建立业务用例上,在详细规划阶段和系统构件阶段再考虑系统用例。

根据以上的分析得到的用例可能没有明显的直接执行者,可以先标识用例,然后再识别出执行者,用例最终至少与一个执行者相连。

3) 对用例进行描述

在 UML 中,用例的图形符号标识为一个椭圆形,里面写上用例名。用例描述的是一个系统做什么,而不是怎么做。通常用足够清晰的、用户能够理解的正文来描述,它是一份关于执行者与用例如何交互的简明、一致的规约。它着眼于系统外部的行为,而忽略系统内部的实现,描述中应使用用户习惯的语言和术语。

为了使客户更好地理解一个复杂的用例,可以用多个实例场景描述系统的行为。但场景描述只是一种补充,它不能代替用例描述。

4) 定义用例之间的关系

前面提到,在用例模型中,用例之间的关系主要有三种:包含关系、扩展关系和泛化关系。

使用泛化和扩展关系可以把一个复杂的用例分解为几个简单用例,从而使系统更加简洁、清晰、明了。通常在描述一般行为的变化时采用扩展关系;在两个或多个用例中出现重复描述,又想避免这种重复描述时可采用包含关系。

5)审核用例模型

根据要求仔细审核用例模型。

3.8　本章小结

本章主要对软件开发过程中需求分析阶段的知识和 UML 在该阶段的应用进行了介绍。首先介绍了需求分析。需求分析是将软件用户对于软件的一系列意图、想法转变为软件开发人员所需要的有关软件的技术规格的过程,它涉及用户需求和系统需求这两方面的工作内容。需求获取、分析建模、文档编写和需求验证为软件需求分析阶段过程的 4 个步骤。

系统分析的目标是将对计算机应用系统的需求转化成实际的物理实现。一般情况下,在总体设计出来后,就需要给客户一个系统的方案。

用例模型是 UML 软件开发中的重要应用。用例方法的基本思想是从用户的角度分析用户希望系统所能提供的服务。用例图是显示一组用例、参与者和它们之间关系的图,它主要由参与者、用例和通信关联这三种元素构成。值得注意的是,参与者不一定是人,也可以是系统之外的机器、机构或其他系统等。用例是对一组动作序列的描述,用例从交互过程的对象角度可以分为系统用例和业务用例。用例之间可以有关联,用例之间可以抽象出包含、扩展和泛化几种关系。每一个用例的详细信息还可以用用例描述来表示。

本章最后总结了需求分析中的用例建模过程。

3.9　习题 3

1. 填空题

(1)软件需求分析过程分为 4 个步骤,为需求获取、_____、_____和需求验证。

(2)用例模型的基本元素有_____、_____和_____。

(3)用例模型中参与者可以是_____,也可以是_____。

(4)用例可以用来表达用户与信息系统的交互过程,也可以用来表达顾客与企业组织的交互过程,为区分两者,特将前者称为_____,后者称为_____。

(5)用例模型中用例之间可以抽象出_____关系、_____关系和_____关系。

(6)用例描述包括基本用例信息、_____、_____和_____。

2. 名词解释

(1)需求分析

(2)用例模型

(3)执行者

（4）用例

（5）系统用例

3. 简答题

（1）简述需求分析的任务与过程。

（2）在系统分析中需要考虑的因素有哪些？

（3）简述用例模型的基本思想。

（4）试举例说明用例之间的三种关系。

（5）简述需求分析阶段用例模型的建模步骤。

（6）请分析自动饮料售卖机有哪些用例？每个用例都有哪些场景？

（7）请分析电子商城系统中的用例有哪些？

（8）试将电子商城系统中具有包含关系的用例连接起来。

（9）考虑电子商城系统中具有扩展关系的用例。

第 4 章　系统分析与静态建模

明确系统需求之后,如何设计软件则提上日程,即进入统一软件过程中的分析流中。在分析阶段重点关注系统的总体结构。系统分析与设计是极具难度的一项工作,是实现准确、完整、高质量软件产品的基础,它对产品进行分割、定义系统各部分如何和谐地工作。分析流的目标是什么?包括哪些具体的工作?在分析流的过程中能够用到 UML 中的哪些模型辅助建模?本章将讨论系统分析与设计的过程,并从静态的角度探讨在系统分析设计过程中可以用到的建模工具。

4.1　系统分析与设计

系统的分析与设计是至关重要的,它是决定如何建立产品的一个创造性过程。给出了产品如何被建立的完整、准确的说明。定义了产品的主要部分、描述这些部分如何交互工作、描述它们如何装配到一起来产生最终结果。本章主要介绍了系统的概要设计和详细设计,以及在设计中应遵循的基本原则。

4.1.1　概要设计与详细设计

现实世界中事物的行为是极其复杂的,需要从中抽象出对建立系统模型有意义的行为。概要设计的基本目的就是回答"概括地说,系统应该如何实现",通过这个阶段的工作将划分出组成系统的物理元素(程序、文件、数据库、人工过程和文档等),但是每个物理元素仍然处于黑盒子集,这些黑盒子里的具体内容将在以后的详细设计中介绍。

设计模糊不准确导致的问题:工程师各自进行细节设计时,需要花费时间对总体说明不足的地方进行补充,而这些问题遗留到细节设计阶段进行,各个工程师对问题的处理方式是否一致,不一致往往会导致集成和系统测试阶段各部分的不兼容和不一致问题。反之,工程师能够快速制作各自的细节设计。

软件设计采用自顶向下、逐次功能展开的设计方法,首先完成总体设计,然后完成各有机组成部分的设计。根据工作性质和内容的不同,软件设计分为概要设计和详细设计。概要设计是详细设计的基础,必须在详细设计之前完成,概要设计经复查确认后才可以开始详细设计。概要设计必须完成概要设计文档,包括系统的总体设计文档、各个模块的概要设计文档。每个模块的设计文档都应该独立成册。详细设计必须遵循概要设计进行。详细设计方案的更改不得影响到概要设计方案;如果需要更改概要设计,必须经过项目经理的同意。详细设计应该完成详细设计文档,主要是模块的详细设计方案说明。和概要设计一样,每个模块的详细设计文档都应该独立成册。

总体设计也称概要设计,其基本目标是能够针对软件需求分析中提出的一系列软件问题,概要地回答问题如何解决。概要设计主要是在需求规格说明书的基础上对整个系统进行架构的描述、功能模块的划分、模块接口的定义。概要设计实现软件的总体设计、模块划分、用户界面设计、数据库设计等;例如,软件系统将采用什么样的体系构架、需要创建哪些功能模块、模块之间的关系如何、数据结构如何。也就是说,总体设计阶段是以比较抽象概括的方式提出了解决问题的办法。

在这个阶段,设计者会大致考虑并照顾模块的内部实现,但不过多纠缠于此。主要集中于划分模块、分配任务、定义调用关系。模块间的接口与传参在这个阶段要定得十分细致明确,应编写严谨的数据字典,避免后续设计产生不解或误解。概要设计一般一次不能做到位,而是反复地进行结构调整。典型的调整是合并功能重复的模块,或者进一步分解出可以复用的模块。在概要设计阶段,应最大限度地提取可以重用的模块,建立合理的结构体系,节省后续环节的工作量。

而具体设计阶段的任务,就是把解法具体化,通常称为详细设计。详细设计根据概要设计进行的模块划分,实现各模块的算法设计,实现用户界面设计、数据结构设计的细化等。具体设计主要针对程序开发部分,但这个阶段不是真正编写程序,而是设计出程序的具体规格说明。这种规格说明的作用类似于其他工程领域中工程师经常使用的工程蓝图,它们应该包含必要的细节,例如,程序界面、表单、需要的数据等,程序员可以根据它们写出实际的程序代码。

在这个阶段,各个模块可以分给不同的人进行并行设计。在详细设计阶段,设计者的工作对象是一个模块,根据概要设计赋予的局部任务和对外接口,设计并表达模块的算法、流程、状态转换等内容。这里要注意,如果发现有结构调整(如分解出子模块等)的必要,必须返回到概要设计阶段,将调整反映到概要设计文档中,而不能就地解决,不打招呼。详细设计文档最重要的部分是模块的流程图、状态图、局部变量及相应的文字说明等。一般来说,一个模拟形成一篇详细设计文档。

形象一点来说,把这个概要设计想象成楼房的设计图,在这个设计之中当然要考虑楼房的样式(程序架构)、楼房的材料(程序语句)、楼房的通道(模块之间的调用关系)等,概要设计完成后,应该说明系统中包含的类与类之间的接口定义。如果将接口设计控制住,则可以交给其他人进行详细设计。详细设计者的发挥控件应该限制在类的内部。理想的详细设计完成后,应该让新手可以轻松完成代码。

可以肯定,如果软件系统没有经过认真细致的概要设计,就直接考虑它的算法或直接编写源程序,这个系统的质量很难保证。许多软件就是因为结构上的问题经常发生故障,而且很难维护。值得注意的是,尽管概要设计并不涉及系统内部实现细节,但它产生的实施方案与策略将会影响最终软件实现的成功与否,并影响今后软件系统维护的难易程度。

4.1.2　软件设计原则

软件系统是连接需求分析、硬件系统以及系统实现的桥梁,因此对软件进行设计首先应该了解软件设计中的一些基本原则。

1. 模块化

模块概念产生于结构化程序设计思想,这时的模块作为构造程序的基本单元,如函数过程。在结构化方法中,模块是一个功能单位,因此模块可大可小。它可以理解为所建软件系统中的一个子程序系统,也可以是子程序系统内一个涉及多项任务的功能程序块,还可以是功能程序块内的一个程序单元。也就是说,模块实际上体现出了系统具有的功能层次结构。模块可以使软件系统按照其功能组成进行分解,通过对软件系统进行分解,可以使一些大的、复杂的软件问题分解成诸多小的、简单的软件问题。从软件开发的角度来看,这必然有利于软件问题的有效解决。

2. 抽象化

抽象是人具有的一种高级思维活动,以概括的方式抽取一系列事物的共同特征,由此把握事物的本质属性。抽象也是人类解决复杂问题时强有力的手段,能够使人从复杂的外部表象中发现事物的内在本质规律,由此找到解决问题的有效途径。

实际上,在软件工程的每一个阶段中,都能够看到抽象思维方法的作用,从软件的定义到软件的设计,直到软件编码与最终实现。例如,概要设计中的功能模块往往被看成一个抽象化的功能黑盒子,虽然它已是一个与软件实现直接相关的实体单元,可以看到它清晰的外观,但是却看不到它内部更加具体的实现细节。

这种由抽象到具体的不断演变也一直贯穿于软件工程过程之中,这就是自顶向下、逐步细化的过程,其中,顶是抽象的,而细化则是这个抽象的顶具体化的结果。这意味着,软件工程的每一个阶段的推进,都是从抽象到具体的转化。

3. 信息隐蔽

设计软件结构时一个不可回避的问题是为了得到一种高质量的模块组合,应该如何分解软件。因此,不得不了解什么是"信息隐蔽"。

信息隐蔽是指每个模块的内部实现细节对于其他模块是隐蔽的。也就是说,模块中包含的信息,不允许其他不需要这些信息的模块使用。显然,信息隐蔽有利于模块相互之间的隔离,可以使每个模块更加具有独立性,并可以使模块之间的通信受到限制。

模块内部信息隐蔽的好处是可以使软件系统更加健壮,更加方便维护。以模块中的错误为例,假如模块内部信息是隐蔽的,则模块中存在的这个错误将比较难于扩散到其他模块。否则,系统可能因为一个小错误的扩散,而使整个系统崩溃。实际上,信息隐蔽还使软件错误定位更加方便。由于软件出错位置容易发现,所以,整个软件纠错工作的效率、质量都会随之提高。显然,这将使软件系统的局部修改变得更加便利。

4. 模块的独立性

模块的独立性是指软件系统中每个模块都只涉及自己特定的子功能,并且模块接口简单,与软件中其他模块没有过多联系。模块独立性是衡量软件中模块质量最重要的指标,是设计与优化软件结构时必须考虑的重要因素。当软件中的每个模块都具有很好的独立性时,软件系统不仅更加容易实现,并且会使以后的维护更加方便。模块的独立性一般采用耦合和内聚这两个定性的技术指标进行度量。

1) 耦合

耦合是软件结构中各个模块之间相互关联程度的度量。耦合的强弱取决于各个模块之间接口的复杂程度、接口数据对模块内部计算的影响程度和调用模块的方式。

模块之间的耦合形式主要有非直接耦合、数据耦合、控制耦合、公共耦合和内容耦合。其中,非直接耦合和数据耦合是较弱的耦合,控制耦合和公共耦合是中等程度的耦合,内容耦合则是强耦合。模块化设计的目标是尽量建立模块间耦合松散的系统。因此,在设计软件结构时一般也就要求尽量采用非直接耦合和数据耦合,少用或限制使用控制耦合和公共耦合,绝对不能使用内容耦合。

为了更好地认识模块之间的耦合,下面将对上述各种耦合形式给出必要说明。

(1)非直接耦合。

如果两个模块之间没有直接关系,它们之间的联系仅限于受到共同主模块的控制与调用,则称这种耦合为非直接耦合。由于非直接耦合的模块之间没有数据通信,所以模块的独立性最强。

(2)数据耦合。

当一个模块访问另一个模块时,如果彼此之间通过模块接口处的参数实现通信,并且参数所传递的数据仅用于计算,而不会影响传入参数模块的内部程序执行路径,则称这种耦合为数据耦合。数据耦合是一种松散的耦合。依靠这种类型的耦合,模块之间既能实现通信,又有比较强的独立性。因此,软件结构设计中提倡使用这类耦合。

(3)控制耦合。

当一个模块访问另一个模块时,如果彼此之间通过模块接口处的参数实现通信,并且参数传递了开关、标志、名字等控制信息,由此影响了传入参数模块的内部程序执行路径,则称这种耦合为控制耦合。由于接口参数影响内部程序执行路径,所以控制耦合比数据耦合要强一些,会使模块的独立性有所下降。当需要通过一个单一的接口传递模块内多项功能的选择信息时,往往需要用到控制耦合。显然,在控制耦合形式下,对所控制模块的修改,需要受到控制参数的限制。

(4)公共耦合。

公共耦合是一种通过访问公共数据环境实现通信的模块耦合形式,例如,独立于模块而存在的数据文件、数据表集、公共变量等,都可以看做公共数据环境。

公共耦合中的公共数据环境是提供给任何模块的,当模块之间的耦合是公共耦合时,那些原本可以依靠接口提供的对数据的限制也就没有了。因此,相比依靠接口的耦合形式,公共耦合必然会使模块的独立性下降。也正因为如此,实际应用中,只有在模块之间需要共享数据,并且通过接口参数传递不方便时,才使用公共耦合。

(5)内容耦合。

如果发生下列情形,两个模块之间就发生了内容耦合:①一个模块直接访问另一个模块的内部数据;②一个模块不通过正常入口转到另一模块内部;③两个模块有一部分程序代码重叠;④一个模块有多个入口。

内容耦合是一种非常强的耦合形式,严重影响了模块独立性。当模块之间存在内容耦合时,模块的任何改动都将变得非常困难,一旦程序有错则很难修正。因此,设计软件结构时,也就要求绝对不要出现内容耦合。所幸的是,大多数高级程序设计语言已经设计成不允许出现内容耦合,它一般只会出现在汇编语言程序中。

2)内聚

内聚是对模块内部各个元素彼此结合紧密程度的度量。模块内部各个元素之间的联系越紧密,它的内聚程度就越高。模块的设计目标是尽量使模块的内聚程度高,以达到模块独立、功能集中的目的。

　　模块内聚的主要类型有功能内聚、信息内聚、通信内聚、过程内聚、时间内聚、逻辑内聚和偶然内聚。其中,功能内聚和信息内聚属于高内聚,通信内聚和过程内聚属于中等程度的内聚,时间内聚、逻辑内聚和偶然内聚则属于低内聚;而且,模块内聚程度越高,其功能越集中、独立性越强。

　　模块内聚的提高依赖于对模块功能的正确认识,应该通过定义使每一个模块都具有明确的功能。为了更好地认识模块内聚,下面将对上述几种内聚类型分别加以说明。

　　(1) 偶然内聚。

　　当模块内各部分之间没有联系,或即使有联系,这种联系也很松散时,将会出现偶然内聚。偶然内聚往往产生于对程序的错误认识或没有进行软件结构设计就直接编程。例如,一些编程人员可能会将一些没有实质联系,但在程序中重复多次出现的语句抽出来,组成一个新的模块,这样的模块就是偶然内聚模块。由于偶然内聚模块是随意拼凑而成,模块内聚程度最低、功能模糊,很难进行维护。

　　(2) 逻辑内聚。

　　逻辑内聚是把几种相关的功能组合在一起成为一个模块。在调用逻辑内聚模块时,可以由传送给模块的判定参数来确定该模块应执行哪一种功能。逻辑内聚模块比偶然内聚模块的内聚程度要高,因为它表明了各部分之间在功能上的相关关系。但是它每次执行的不是一种功能,而是若干功能中的一种,因此它不易修改。另外,在调用逻辑内聚模块时,需要进行控制参数的传递,由此增加了模块间的耦合。

　　(3) 时间内聚。

　　时间内聚模块一般是多功能模块,其特点是模块中的各项功能的执行与时间有关,通常要求所有功能必须在同一时间段内执行。例如,初始化模块,其功能可能包括给变量赋初值、连接数据源、打开数据表、打开文件等,这些操作要求在程序开始执行的最初一段时间内全部完成。时间内聚模块比逻辑内聚模块的内聚程度又稍高一些,其内部逻辑比较简单,一般不需要进行判定转移。

　　(4) 过程内聚。

　　如果一个模块内的处理是相关的,而且必须以特定次序执行,则称为过程内聚模块。在使用流程图设计程序的时侯,常常通过流程图确定模块划分,由此得到的往往是过程内聚模块。例如,可以根据流程图中的循环部分、判定部分和计算部分将程序分成三个模块,这三个模块就是过程内聚模块。过程内聚模块的内聚程度比时间内聚模块的内聚程度更强一些,但过程内聚模块仅包括完整功能的一部分,因此模块之间的耦合程度比较高。

　　(5) 通信内聚。

　　如果一个模块内各功能部分都使用了相同的输入数据或产生了相同的输出数据,则称为通信内聚模块。通信内聚模块由一些独立的功能组成,因此其内聚程度比过程内聚程度要高。

　　(6) 顺序内聚。

　　如果一个模块内的诸多功能元素都和某一个功能元素密切相关,而且这些功能元素必须顺序安排(前一项功能的数据输出作为后一项功能的数据输入),则称为顺序内聚模块。当根据数据流图划分模块时,得到的通常就是顺序内聚模块。顺序内聚模块也包含多项功能,但它有一个核心功能,其他功能围绕着这个核心而安排。因此,顺序内聚程度比通信内聚程度更高。

（7）功能内聚

如果一个模块中各个部分都是完成某一具体功能必不可少的组成部分,各个部分协同工作、紧密联系、不可分割,则称该模块为功能内聚模块。功能内聚模块的特征是功能单一、接口简单,因此其容易实现、便于维护。与其他内聚类型相比,功能内聚具有最高的内聚程度,软件结构设计时应以其作为追求目标。

内聚所体现的是模块的内部功能构造,耦合所体现的是模块之间的联系。一般情况下,内聚和耦合是相互关联的,模块的内聚程度越高,则模块间的耦合程度就会越低,但这也不是绝对的。值得指出的是,与模块之间的耦合相比,模块的内聚更显重要。因此,实际设计中应当把更多的注意力放在如何提高模块的内聚程度上。

4.2　包图

4.2.1　包的概念与表示

在软件开发中,为了清晰、简洁地描述一个复杂的系统,通常都是把它分解成若干较小的系统,如果需要,每个较小的系统还可以分为更小的系统。形成了一个描述系统的结构层次,将复杂问题简单化,这是一种解决复杂问题的有效方法。

类是面向对象系统中的一个基本表达形式,虽然类是非常有用的,但是还是需要组织软件系统更大的单元,这个单元可以包含成百个类。包就是这样一个组结构,允许将 UML 中的任何元素组织成一个更高层次的单元。每一个模型元素包含于包中或包含于其他模型元素中。包最常见的用途就是组织类,当然也可以组织其他元素。因而 UML 提供的包的机制在进行总体设计时非常有用,包可以作为软件系统体系结构的基本单位。可以用包来划分系统的结构、可以将一个包表示一个子系统,这个子系统组织了若干软件模块。在 UML 模型中,包也可以作为其他包的成员,这样就形成了自上而下的一个层级结构。

包是用来对一个图的元素(如类和用例)进行分组的。把分组后的元素用一个带有标签的文件夹图标包围起来,就完成了对其打包。如果给包起一个名字,就命名了一个组,在 UML 术语中,包为这组元素提供了一个命名空间(namespace),这组元素属于这个包。要引用包中的内容(元素或子包),使用 PackageName :: PackageElement 的形式(如 Tools :: Hammer)。这种形式叫做全限定名(fully qualified name)。也有点类似 C++ 语言中的命名空间。

一个包可以包含多个相关的模型元素,也包含包本身。使用包有以下好处:组织模型元素,以使模型更加易于理解,并且在查找的时候更加方便;通过使用包,把系统分成多个层次或者子系统。

从程序的角度来看,包可以映射为 Java 中的包以及 C＋＋和.NET 中的命名空间。每个包表示一个命名空间,这就意味着每个类在这个命名空间中拥有唯一的名字。

在图形上,把包画为带标签的文件夹,如图 4-1 所示。每个包都必须有一个与其他包名相区别的名称。名称是一个文字串。单独的名称叫做简单名;路径名是以包所位于的外围包的名称作为前缀的包名。通常在包名中仅显示包名。包为分组打包后的元素提供了一个命名空间。

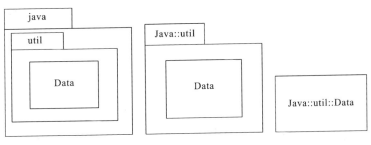

图 4-1　包名的表示方法

4.2.2　包之间的关系

两个包之间可以有三种相关的方式:泛化、依赖与细化。在 UML 的其他元素中,已经遇到过泛化的关系;依赖描述了两个包之间的使用关系;细化则只是和细节有关。下面来介绍包之间的这三种关系。

1. 泛化

泛化是用来对继承进行建模的 UML 元素,它是一般事物和较特殊事物之间的关系。换句话说,一个子包是基于另一个父包实现的。包图之间的泛化关系表示和用例之间泛化关系的表示相同:泛化关系用从子指向父的箭头表示,指向父的是一个空三角形,如图 4-2 所示。多个泛化关系可以用箭头线组成的树来表示,每一个分支指向一个子类。

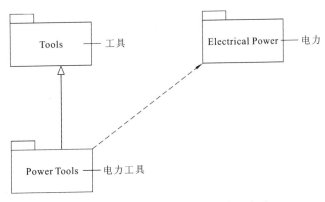

图 4-2　包图之间的泛化和依赖关系表示

数据库网关包含接口和抽象类,这些将在 Oracle 网关、SQL Server 网关和 Test Stub 网关包中具体地予以实现。如图 4-3 所示。

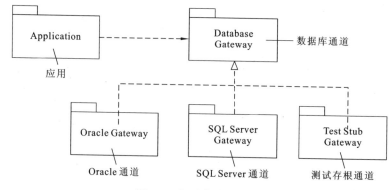

图 4-3　包泛化关系例子

2. 依赖

依赖是一种使用关系,它描述了一个事物的规格变化可能会影响使用它的另一个事物,但反之不然。其实,在语义上,包括泛化、关联和将要谈到的细化在内的所有关系都是某种依赖关系。泛化、关联和细化本身都有足够重要的语义,使之有理由作为 UML 中有别于其他种类的独立关系。

在 UML 的包图中,如果一个包中的元素(如类)需要用到另一个包中的类,就形成两个包之间的依赖关系。典型的包图以包和依赖为核心。在图形上,把依赖关系画成一条指向被依赖的事物的虚线,如图 4-2 所示。当要表明一个事物使用另一个事物时,就运用依赖。

3. 细化

细化表明了一种更精细的抽象程度,描述了同一事物不同抽象级别的两个模型之间的关系,用来协调不同阶段模型之间的关系。在 UML 包图中表示一个包和另外一个包包含相同的元素,但却带有更多细节的时候,前者称为后者的细化。包图之间的细化的图形表示用一条带箭头的虚线,箭头由含有更多细节的包指向源包,如图 4-4 所示。

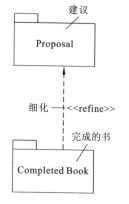

图 4-4　包的细化关系

4.2.3　导入包和合并包

1. 导入包

当一个包将另一个包导入时,该包里的元素能够使用被导入包里的元素,而不必使用完整作用域名称。这项功能类似于 Java 语言中的 import 和 C++中的 include。其中,被导入的包称为目标包,对导入关系建模画一条从包连接到目标包的依赖性箭头,再加上导入构造型。导入包的表示如图 4-5 所示。

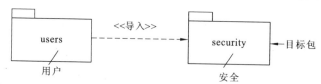

图 4-5　导入包的表示

包也可以不导入整个包,而只导入另一个包里的指定元素,如图 4-6 所示。

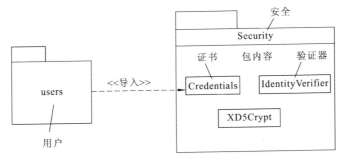

图 4-6　导入元素到另一个包

2. 合并包

一个包可以和另一个包合并。合并关系是进行合并的包(目标包)和获得合并操作的包之间的一种依赖关系。合并的结果是源包发生了变化。

合并包的图形表示与导入包的表示方法很类似:对合并关系建模画一条从包连接到源包的依赖性箭头,再加上合并构造型。合并包的图形表示如图 4-7 所示。

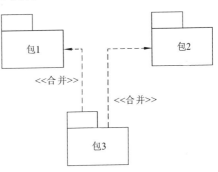

图 4-7　合并包的图形表示

注意,在图 4-7 中,包 1 和包 2 是目标包,包 3 是源包。即合并后的结果是包 3 发生了变换。

例如,在图 4-8 中有一个名为 Computer 的包和一个名为 Telephony 的包。第三个包 Computer Telephony 分别和这两个包合并。其中,Computer Telephony 包是空的。合并变换出如图 4-9 所示的 Computer Telephony 包。

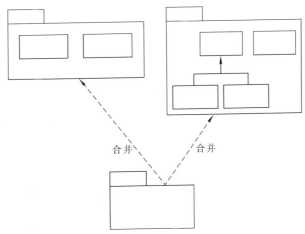

图 4-8　对一个包和另外两个包的合并建模

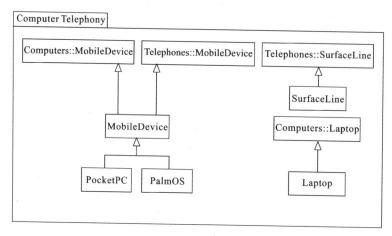

图 4-9 合并所得的变换结果

采用包的形式描述一个复杂系统,可以使系统结构更加清晰,方便团队分工合作快速开发一个软件系统。例如,在某学校的教务管理系统中,教务管理系统依赖于本科生教务管理和研究生教务管理,而以本科生教务管理为例,它又依赖于课程管理、选课管理、学生成绩管理和任课教师管理,教务管理系统的包(子系统)层次结构如图 4-10 所示。

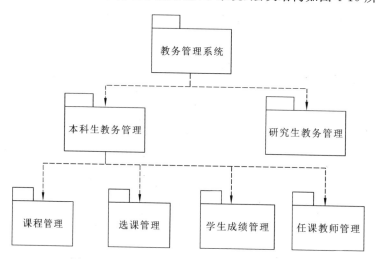

图 4-10 教务管理系统的包(子系统)层次结构

4.3 类图

4.3.1 类的概念与描述

在 UML 中,所有的事物都被建模成类。一个类是对作为词汇表一部分的一些事物的抽象。类不是个体抽象,而是描述一些对象的一个完整集合。类是对一组具有相同属性、操作、关系和语义的对象的描述。对象是一个类的实例,是具有具体属性值的一个具体事物。

在图形上,把一个类画成一个矩形。这个矩形通常分为三栏:第一栏为名称;第二栏为属性;第三栏为行为,如图 4-11 所示。

图 4-11　类的表示　　　　　　　　　　图 4-12　类的简单名和路径名

1. 名称

每个类都必须有一个有别于其他类的名称。名称是一个文本串,单独的名称叫做简单名;用类所在的包的名称作为前缀的类名叫做路径名,如图 4-12 所示。所绘制的类可以仅显示它的类名。

在类名的命名中,类名可以是由任何数目的字母、数字和某些标点符号(有些符号除外,如用于分隔类名和包名的冒号)组成的正文,它可以延伸成几行。实际上,类名是从正在建模的系统的词汇表中提出来的短名词或名词短语。通常类名中的每一个词的第一个字母要大写,如 Title。

2. 属性

属性是已被命名的类的特性,它描述了该特性的实例可以取值的范围。类可以有任意数目的属性,也可以没有属性。属性描述了正在被建模的事物的一些特性,这些特性为类的所有对象所共有。

因此,一个属性是对类的一个对象可能包含的一种数据或状态的抽象。在一个给定的时刻,类的一个对象将对该类属性的每一个属性具有特征值。

在图形上,将属性在类名下面的栏中列出。属性名可以是像类名那样的正文。实际上,属性名是描述属性所在类的一些特性的短名词或名词短语。通常要将属性名中的单字属性名小写,如果属性名包含了多个单词,那么这些单词要合并,且除了第一个单词外其余单词的首字母要大写。

3. 操作

操作是一个服务的实现,该服务可以由类的任何对象请求以影响其行为。换句话说,操作是对一个对象所做的事情的抽象,并且它由这个类的所有对象共享。一个类可以有任意数目的操作,也可以没有操作。调用对象的操作通常不会改变该对象的数据或状态。

在图形上,把操作列在类的属性栏下面的栏中。可以仅显示操作的名称。操作名可以是像类名那样的正文。实际上,操作名是描述它所在的类的一些特性的短动词或动词短语。通常要将操作名中除第一个词之外的每个词的第一个字母大写(如图 4-13 第三栏所示)。

4. 职责

职责是类的契约或责任。当创建一个类时,就声明了这个类的所有对象具有相同种类的状态和相同种类的行为。在较高的抽象层次上,这些相应的属性和操作正是要完成

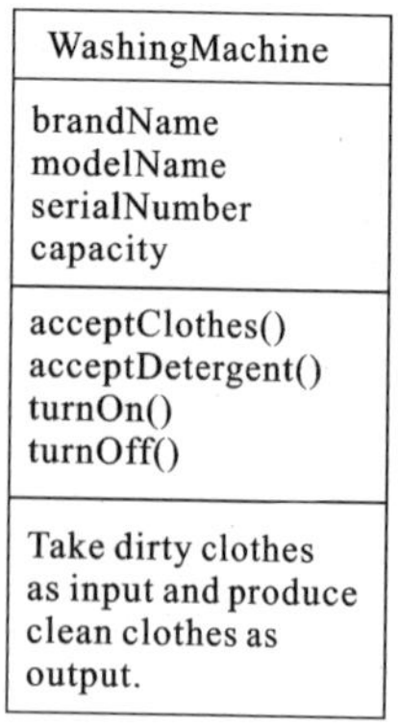

WashingMachine
brandName modelName serialNumber capacity
acceptClothes() acceptDetergent() turnOn() turnOff()
Take dirty clothes as input and produce clean clothes as output.

图 4-13　包含职责的类图表

类的职责的特征。

对类建模的一个好的开始点是详述词汇表中的事物的职责。虽然实际上每个结构良好的类都至少具有一个职责,最多也是可数的,但类可以有任何数目的职责。在图形上,把职责列在类图符底部的分隔的栏中,如图 4-13 所示。

属性、操作和职责是创建抽象所需的最常见的特征。事实上,对于大多数要建造的模型,这 3 种特征的基本形式足以传达类的最重要的语义。然而,有时需要可视化或详述其他特征,例如,对个体的属性和操作进行可视化,对与特定语言相关的操作特征进行可视化。

类的属性描述语法格式如下。

Visibility　　　name　　　　:type　　　multipilicity　　　＝default　　　　{propertystring}
可见性　　　　属性名　　　:类型　　　［多重性］　　　［＝初始值］　　　　〈特征描述〉

例子:－name string［1］＝"untitled"{readonly}

规则:在上述语法格式中只有属性名称是必须的,其他项都是可选项。

(1) 可见性:描述了该属性在哪些范围内可以使用。

① ＋:表示其为公有成员,其他类可以访问(可见)。

② －:表示其为私有成员,不能被其他类访问(不可见),可默认。

③ ♯:表示其为保护成员,一般用于继承,只能被本类和派生类使用。

(2) 属性名:代表属性的一个标识符。

(3) 类型:可以是系统固有的类型,如整型、实型等,也可以是用户自定义的类型。

(4) 多重性:任选项,用多值表达式表示,格式为低值…高值。

① 低值、高值为正整数,表示该类的实例对象的属性个数。

② 0…＊表示从 0 个到无限多个。

③ 可默认,表示 1…1,只有一个。

(5) ＝初始值:任选项,初值可作为创建该类对象时这个属性的默认值。

(6) 特征描述:表征该属性的额外属性。

类的操作描述的语法格式:可见性　操作名(［参数表］):返回列表[〈特征描述〉]

例子:＋ balance (date:Date):Money

规则如下。

(1) 参数表:用逗号分隔的形式参数序列;

Direction name:type ＝default value

［in/out］　date:Date＝2012/01/01

(2) 返回列表:回送调用对象消息的类型。格式:返回类型或返回名＝类型,…

(3) [〈特征描述〉]:任选项,描述该操作的特征,通常不直接展示在类图中,有:①前置条件,满足该条件(为真)调用本操作;②后置条件,执行本操作后该条件为真;③某算法指定执行该操作。

4.3.2 类图的描述

类很少单独存在。确切地讲,当建造模型时,通常要注重相互作用的那些类群。在 UML 中,这些类的群体形成了协作,构成了类图。类图是显示一组类、接口、协作和它们之间关系的图。类图主要以反映类的结构和类之间的关系为主要目的,描述了软件系统的结构,是一种静态结构建模。类图用于对系统的静态设计视图建模。

类图中的"类"与面向对象语言中的"类"的概念是对应的,是对现实世界中的事物的抽象。这种抽象表现在 UML 图形上,类图就成了顶点和弧的集合,如图 4-14 所示。

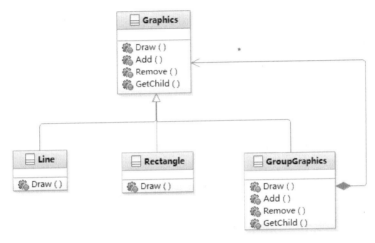

图 4-14 类图

4.4 类之间的关系

类很少独立存在,即它们之间存在关系。类之间的关系主要有关联、依赖、继承、聚合和组合。在什么场景下应该对类之间的关系建立什么关联关系是本节学习的重点。

4.4.1 关联

关联是一种结构关系,它指明一个事物的对象与另一个事物的对象间的联系。对象之间以某种方式发生关联,例如,当 Susan 打开电视机时,她与电视机之间就发生了单向关联。即,当类之间在概念上有连接关系时,类之间的连接叫做关联。关联(association)表示两个类之间存在某种语义上的联系。关联关系提供了通信的路径,它是所有关系中最通用、语义最弱的。使用一条实线来表示关联关系。

给定一个连接两个类的关联,可以从一个类的对象导航到另一个对象,反之亦然。关联的两端都连接到同一个类是合法的。这意味着,从一个类的给定对象能连

图 4-15 类之间的关联关系表示

接到类的其他对象。恰好连接两个类的关联叫做二元关联。如图 4-15 所示。尽管不普遍,但可以有连接多个类的关联,这种关联叫做 n 元关联。在图形上,把关联画成一条连接相同类或不同类的实线。当要表示结构关系时,就使用关联。表现在代码层面,为被关联类 B 以类属性的形式出现在关联类 A 中,也可能是关联类 A 引用了一个类型为被关联类 B 的全局变量。

在关联关系中,需要弄清楚方向、角色与多重性三个概念。举个例子,如何去刻画 person 与 company 之间的关系。如图 4-16 所示。员工辛勤地为公司劳动,works for 就是对关联关系的描述,箭头代表关联关系的方向,从 person 指向 company。在这个关系中,person 扮演的是雇员 employee 的角色,company 则扮演的是雇主 employer 的角色。最后可以看到 person 附近有标记 *,company 附近有标记 1,代表 0 个或者多个员工为公司工作,这个数值叫做 multiplicity 多重性。

图 4-16　类之间的关联关系举例

1. 方向

方向有单向和双向两种。老师教授学生知识,是一个单向关联。球员为球队效力,球队雇佣球员,则是一个双向关联关系,如图 4-17 所示。

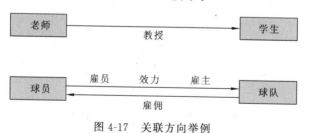

图 4-17　关联方向举例

2. 多重性

多重性(multiplicity),即一个类的单个对象和另一个类的多个对象关联。表示多重性的方法是在参与关联的类附近的关联线上注明多重性数值。可能的关联表示有四种类型:特定数字、非特定数字、特定范围与枚举。多重性的表示方式如图 4-18 所示。

1) 特定数字

一辆汽车拥有一个发动机,一辆三轮车拥有三个轮子。表征了类对象之间的数量上的关联关系。特定数字的多重性表示如图 4-19 所示。

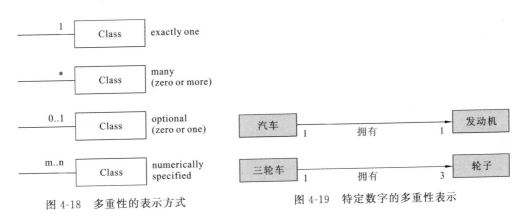

图 4-18　多重性的表示方式　　　　　　　　图 4-19　特定数字的多重性表示

2) 非特定数字

一个教师可以教授 0 个或者多个学生。这里需要注意的是,"0.. *"或" *"表示"0"或"多"、"1.. *"表示"1 或多"。非特定数字的多重性表示如图 4-20 所示。

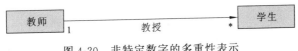

图 4-20　非特定数字的多重性表示

3) 特定范围

如图 4-21 所示,一个银行职员可以服务一个或者多个客户,一个房屋可以有 0 个或者 1 个烟囱,一个全职学生必须要修满 12～18 个学分。

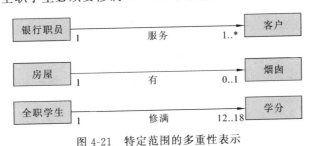

图 4-21　特定范围的多重性表示

4) 枚举

一个标准的鸡蛋盒可以装 12 个或者 24 个鸡蛋,采用枚举的方式表达对象之间的数量关系。枚举的多重性表示如图 4-22 所示。

图 4-22　枚举的多重性表示

3. 角色

角色代表每个对象在关联关系中所承担的角色,标记在关联线上靠近类的地方。

4.4.2　依赖

有两个元素 X、Y，如果修改元素 X 的定义可能会引起对另一个元素 Y 的定义的修改，则称元素 Y 依赖（dependency）于元素 X。对于类间关系，依赖关系表示一个类依赖于另一个类的定义，其中一个类的变化将影响另外一个类。

图 4-23　类之间的依赖关系表示

依赖表示两个或多个模型元素之间语义上的关系。它只将模型元素本身连接起来而不需要用一组实例表达它的意思。它表示了这样一种情形，提供者的某些变化会要求或指示依赖关系中客户的变化。依赖用一个从客户指向提供者的虚箭头表示，用一个构造型的关键字区分它的种类。类之间的依赖关系表示如图 4-23 所示。

为了更方便理解，思考程序当中类之间的依赖关系。假设类 A 与类 B 之间具有依赖关系，那么类之间常见的依赖关系的场景可以总结为三种：①类 B 以参数的形式传入类 A 的方法；②类 B 以局部变量的形式存在于类 A 的方法中；③类 A 调用类 B 的静态方法。如上三种是最常见的类之间的依赖关系。

1）类 B 以参数的形式传入类 A 的方法

如图 4-24 所示，类 A 中的函数 Function3 的参数是类 ClassB，因而，类 B 构成了以参数的形式传入类 A 的关联关系。

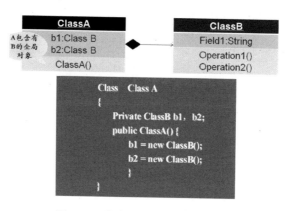

图 4-24　类 B 以参数形式传入类 A

2）类 B 以局部变量的形式存在于类 A 的方法中

如图 4-25 所示，在类 A 中的 Function1 函数中，动态申请了类 B 的对象 b，并调用了 b 的操作 Operation1，之后释放了对象 b。类 A 与类 B 之间存在依赖关系。

3）类 A 调用类 B 的静态方法

假设 Operation2 是类 B 中的静态函数，如图 4-26 所示，类 A 中的 Function2 函数中调用了类 B 的静态函数 Operation2，形成了类 A 与类 B 之间的依赖关系。

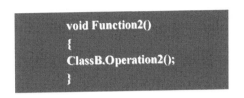

图 4-25 类 B 以局部变量的形式存在于类 A 图 4-26 类 A 调用类 B

4.4.3 聚合

在关联关系中,有两种比较特殊的关系:聚合和组合。当对对象的整体和部分建立关系时,考虑使用聚合或者组合关系。

聚合(aggregation)是一种特殊形式的关联。聚合表示类之间的关系是整体与部分的关系。当对象 A 加入对象 B 中,成为对象 B 的组成部分时,对象 B 和对象 A 之间为聚合关系。聚合关系是关联关系的一种,是强的关联关系。聚合是整体和部分之间的关系。此时的整体与部分之间是可分离的,它们各自具有自己的生命周期,部分可以属于多个整体对象,也可以为多个整体对象共享。一个典型的计算机系统就是聚集的一个例子——它由许多不同类型的对象组合而成,如图 4-27 所示。计算机由显示器、主机、键盘、鼠标、音箱等部分组成,是整体与部分之间的关系,需要注意的是,这种整体和部分之间的关系是松散的,即显示器、键盘、鼠标等部分都可以脱离整体而独立存在。因此,这种聚合关系是一种松散的整体和部分之间的关系。计算机系统的聚合关系表示如图 4-28 所示。

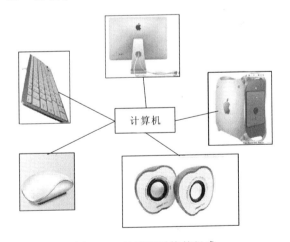

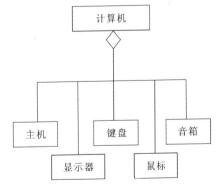

图 4-27 计算机系统的组成 图 4-28 计算机系统的聚合关系表示

4.4.4 组合

组合是聚合的变种,加入了一些重要的语义。如果发现"部分"类的存在是完全依赖于"整体"类的,那么就应该使用组合关系来描述。组合也是关联关系的一种,它是比聚合更加体现整体与个体之间的关系的,整体与个体是不可分的,当整体结束时个体就意味着结束,个体离开整体时将不能够生存。

在组成体中,部分体有时可能会先于组成体消亡,如果组成体被销毁,则部分体随组成体一同被销毁。也就是说,在一个组合关系中一个对象一次就只是一个组合的一部分,整体负责部分的创建和破坏,当整体被破坏时,部分也随之消失。上述例子中,如图 4-29 所示,树和树叶之间的关系就是一种松散的整体和部分之间的关系,因为,叶子依存于大树而存在,若树干死了,则叶子也不可能存在。类之间的组合关系表示如图 4-30 所示。

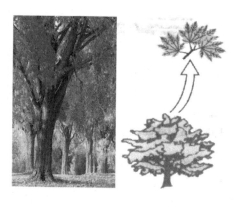

图 4-29 大树和叶子的组合关系

图 4-30 类之间的组合关系表示

组合关系的关键在于不共享原则,即当删除整体的时候,应当确保所有的部分都被删除。

针对普通关联、聚合与组合关系,图 4-31 进行了比较。

三种关联的比较

特 征	正常关联	聚合	组合
UML标记	实线	空心菱形	实心菱形
拥有关系	无	弱	强
传递性	无	有	有
传递方向	无	整体到部分	整体到部分

图 4-31 关联关系比较

下面从程序设计的角度讨论聚合与组合关系的异同。

图 4-32 是一种弱的拥有关系,体现的是 A 对象可以包含 B 对象,但 B 对象不是 A 对象的组成部分。在 Function 函数中被动态地申请与释放。

图 4-33 中类 A 与类 B 是一种强的拥有关系,体现了严格的部分和整体的关系,部分和整体的生命周期一致。在类 A 的构造函数中,对类 B 进行申请,在析构函数中对类 B 进行释放,那么 B 对象与 A 对象的生命周期相同,为同生共死的关系,故属于组合关系。

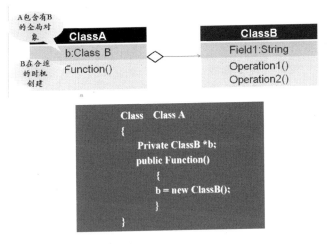

图 4-32　弱拥有关系表示

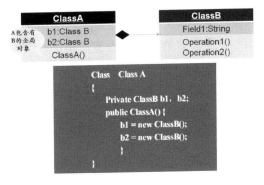

图 4-33　强的拥有关系表示

4.4.5　继承

泛化关系描述了一般事物与该事物中的特殊种类之间的关系,也就是父类与子类之间的关系。每一种泛化元素都有一组继承特性。对于任何模型元素,均包括约束。对于类,它们同样包括一些特性(如属性、操作和信号接收)和关联中的参与者。一个子类继承了它所有祖先可继承的特性。它的完整特性包括继承特性和直接声明的特性。类之间的继承关系如图 4-34 所示。

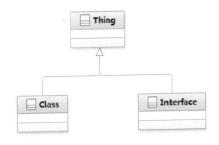

图 4-34　类之间的继承关系表示

4.4.6　其他关联

1) 关联上的约束

可以对关联施加约束。在下面这个例子中，如图 4-35 所示，服务关联上的{次序}约束说明银行出纳员要按照顾客排队的次序为顾客服务。

图 4-35　约束

2) 限定关联

当关联的多重性是一对多时，产生查找问题。一个类必须要依赖一个具体的属性值找到正确的对象。这通常是一个标识符号——限定符（qualifier）。限定关联如图 4-36 所示。

3) 自身关联

自身关联的关联线从某个类出发又回到其自身。自身关联也可以指明角色名、关联名、关联方向和多重性，当一个类的对象可以充当多种角色时，自身关联就可能发生。自身关联如图 4-37 所示。

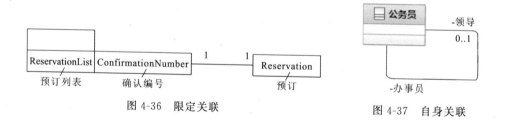

图 4-36　限定关联　　　　　　　　　　图 4-37　自身关联

4.5　类的一些种类

1. 抽象类和接口

抽象类（abstract class）是一种不能被直接实例化的类，在编程语句中用 abstract 修饰的类。在 C++中，含有纯虚拟函数的类称为抽象类，它不能生成对象。在 Java 中，含有抽象方法的类称为抽象类，同样不能生成对象。凡是包含纯虚函数的类都是抽象类。抽象类是不完整的，并且它只能用做基类。

接口（interface）是抽象类的变体。在接口中，所有方法都是抽象的。多继承性可通过实现这样的接口获得。接口中的所有方法都是抽象的，没有一个有程序体。如图 4-38 所示，接口表示方式为棒棒糖（lollipop）形式，ArrayList 提供了 List 与 Collection 两个接口。

类与接口存在两种关系，即提供接口与使用接口。如图 4-39 所示，Order 类使用了 ArrayList 提供的 List 接口，ArrayList 类则负责为别的类提供接口。

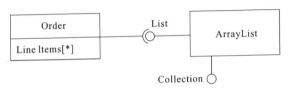

图 4-38 接口

在图 4-39 中,List 接口提供 get 方法,List 接口继承自 Collection 接口,于是拥有了 equals 和 add 方法。斜体 Abstract List 是抽象类,get 是其中的纯虚函数,Abstract List 是对接口 List 的实现类,ArrayList 是对 Abstract List 的继承。

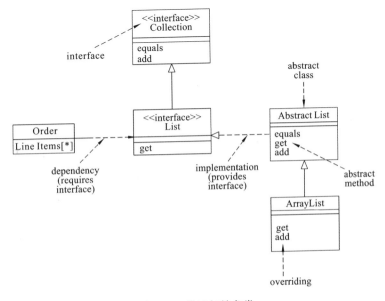

图 4-39 接口与抽象类

当类实现特殊接口时,它定义(即将程序体给予)所有这种接口的方法。然后,它可以在实现了该接口的类的任何对象上调用接口的方法。由于有抽象类,它允许使用接口名作为引用变量的类型。

抽象类与接口紧密相关,然而接口又比抽象类更抽象,这主要体现在它们的差别上。

(1) 类可以实现无限个接口,但仅能从一个抽象(或任何其他类型)类继承,从抽象类派生的类仍可实现接口,从而得出接口是用来解决多重继承问题的。

(2) 抽象类中可以存在非抽象的方法,但接口不能,且它里面的方法只是一个声明必须用 public 修饰,没有具体实现的方法。

(3) 抽象类中的成员变量可以被不同的修饰符修饰,但接口中的成员变量默认的都是静态常量。

(4) 这一点也是最重要的一点,本质的一点——抽象类是对象的抽象,然而接口是一种行为规范。

类与接口之间存在两种类型的关系:提供和使用。

（1）提供接口

类提供一个接口,这个接口是可以替换的。

（2）使用接口

类使用一个接口,在它需要一个接口实例来正常工作的时候。本质上,即该类依赖于另一个接口。

2. 其他类

1）关联类

在计算机面向对象的体系结构中,具有关联类。关联类对关联的属性和操作建模。它与所对应的关联线之间通过虚线连接,并且可以和其他类关联。

人参加会议这种关联关系被建模为 Attendance 类,用来描述这种关联关系。如图 4-40 所示。还可以有多重关联,如图 4-41 所示。

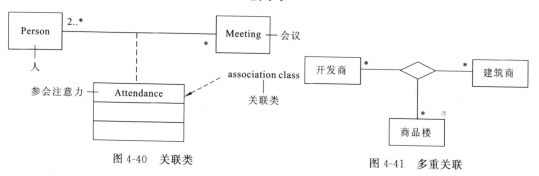

图 4-40　关联类

图 4-41　多重关联

2）模板类

模板是根据参数类型生成类的机制,而不用说明属性、方法返回值和方法参数的实际类型。通过使用模板,可以只设计一个类来处理多种类型的数据,而不必为每一种类型分别创建类。

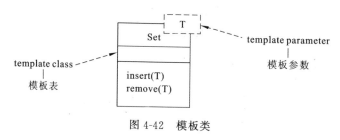

图 4-42　模板类

3）嵌套类

嵌套类(nested classes),在如 Java 的语言中,允许将一个类的定义放在另一个类定义的内部,这就是嵌套类。嵌套类是声明在它的外层类中的,因此只能通过外层类或外层类的对象对它进行访问。

4）主动类

主动类是一种特殊的类。主动类的实例称为主动对象,一个主动对象拥有一个控制线程并且能够控制线程的活动,具有独立的控制权。

4.6　软件开发中类图的建模方法

在 UML 软件开发中的客户需求分析阶段、系统分析阶段和系统设计阶段都会涉及对象类建模问题,只不过随着开发过程的不断深入,对建立的模型的精度要求越来越精细。

在客户需求分析阶段,建立粗略的业务对象类模型。根据客户业务需求,确定并抽象出基本的类,这些类的属性、基本操作及其他类之间的关系。建立基本的满足客户需求的业务对象类图,并得到客户认可。

在系统分析阶段,建立较系统的对象类模型,根据系统运行环境和所具备资源的分析,为了达到系统功能要求及提高效率和方便操作,在建成的业务对象类图基础上,再增加一些对象类,调整它们之间的关系,使对象之间的关联更加合理,建立较系统的对象类模型。这种对象类模型是为开发人员进行详细设计而建立的,不必得到客户认可。

在系统设计阶段,建立详细完备的对象类建模,作为系统实现的根据。这时的对象类模型是对系统分析阶段建立的对象类模型的进一步优化、细化,以便于开发人员根据此模型采用相关程序设计语言实现系统设计。这种对象类建模也是为开发人员建立的,不必得到客户认可。

在 UML 软件开发过程中建立的各种模型,在客户需求分析、系统分析和系统设计阶段都是采用相同的图标符号表示。建立系统的类模型的步骤如下。

1. 确定对象类

1) 发现潜在对象

潜在对象包括:①系统交互的角色;②系统的工作环境场所;③概念实体、发生的事件或事情;④部门和设备;⑤与系统有关的外部实体。

2) 标识对象名的原则

标识对象名的原则包括:①使用单个名词或名词短语标识对象名;②对象名称必须有意义、简洁明了、含义明确、易于理解;③尽量使用用户熟悉的行业标准术语。

3) 筛选对象

根据以下特征选择和确定最终的对象:①关键性;②可操作性;③信息含量;④关键外部信息。

4) 对象分类

抽象出类。

2. 标识对象类的属性

1) 发现和确定对象潜在的属性

包括常识性、专业性、功能性、管理性、操作性、标志性、外联性。

2) 识别和筛选对象属性的原则

包括原始性、运算性和关联性。

3）识别和筛选属性应注意的问题

包括重要的独立实体、特征性、抽象性。

4）属性

包括解释、数据类型、特征值和取值范围等。

3. 标识对象类的操作

1）寻找潜在的对象类操作

2）筛选、确定操作

3）命名操作名

4）操作的说明

5）操作的分类

4. 标识对象类之间的关联（协作）

1）建立实例连接

2）消息传递

激活、提供信息、询问、命令。

3）筛选对象间的关联

5. 复审类的定义

通常，一个设计任务有几个人参加，可以让每人负责一个或几个类。在模拟一个场景的过程中，每当一个类开始"执行"时，它的卡片就被拿出来加以讨论，当"控制"传送到另一个类时，注意力就从前一张卡片转移到另一张上去了。不同的场景，包括例外和出错状况，都应逐一加以模拟。在这个过程中，可以验证已有的定义，不断发现新的类、职责和伙伴。

6. 建立对象类图

将确定的类、接口和类之间的关系用图标符号描述，建立对象类图。

7. 建立系统包图

对于一个复杂的大系统，对象类模型包含多个类图。为了完整、清晰地描述对象类模型，对于一个复杂的大系统，用包的形式描述其系统体系结构。

4.7　本章小结

建立了需求阶段的用例模型以后，接下来进入系统分析阶段。本章主要介绍了在系统分析阶段包图和类图的建模。系统分析阶段的任务是在客户需求建模的基础上，通过重点考虑建立系统所采用的技术特点、算法实现、并发执行和环境特点对已建立的模型进一步细化，总体设计阶段是以比较抽象概括的方式提出了解决问题的办法。本章详细介绍了概要设计阶段中的一些设计要素——模块化、抽象化、信息隐蔽和模块的独立性。其中模块的独立性包括内聚和耦合。

在 UML 中使用了包的机制，一个包相当于一个子系统。包是操作模型内容、存取控制和配置控制的基本单元。两个包之间主要具有三种关系:泛化、细化和依赖。采用包的形式对一个复杂系统建模可以将复杂问题简单化,这是一种解决复杂问题的有效方法。

在 UML 中,所有的事物都被建模成类。类不是个体抽象,而是描述一些对象的一个完整集合。UML 中对类的图符表示和属性、操作的语法有严格规定,一些对象类的性质和功能都可以通过这些描述以图示的方法显现出来。

类之间有关联、继承、依赖、聚合和组合的关系。关联描述了给定类的单独对象之间语义上的连接;继承关系表示父类与更具体的后代类连接在一起;依赖关系将行为和实现与有影响的其他类联系起来;聚合与组合表示整体与部分的关系。

接口是一种重要的类。接口是抽象类的变体,它定义了一组提供给外界的操作。接口没有程序体,即它只有操作名而没有具体实现。抽象类与接口紧密相关。然而接口又比抽象类更抽象。类的分类还有关联类、模板类、嵌套类和主动类等。

本章最后总结了软件开发过程中类图的建模步骤。

4.8　习题 4

1. 填空题

(1) 耦合是软件结构中各个模块之间相互关联程度的度量,耦合形式主要有非直接耦合、_____、_____、_____和内容耦合。非直接耦合和_____是较弱的耦合,_____和_____是中等程度的耦合,_____则是强耦合。

(2) 内聚是对模块内部各个元素彼此结合的紧密程度的度量,内聚的主要类型有_____、_____、_____、_____、时间内聚、逻辑内聚和偶然内聚。其中,_____和信息内聚属于高内聚,_____和_____属于中等程度的内聚,时间内聚、逻辑内聚和_____则属于低内聚;而且,模块内聚程度越高,其功能越集中、独立性越强。

(3) 在类的图符上,第一栏为名称,第二栏为_____,第三栏为_____。

(4) 类很少独立存在,类之间的关系主要有_____、_____、_____、聚合和组合。其中,_____表示父类与更具体的后代类连接在一起。

2. 名词解释

(1) 信息隐蔽

(2) 内聚

(3) 耦合

(4) 类

(5) 接口

3. 练习题

(1) 简单介绍总体设计和具体设计阶段的目的。

(2) 简述软件设计阶段中模块化、抽象化和信息隐蔽的优点。

(3) 简述设计阶段模块要高内聚、低耦合的必要性。

（4）简述抽象类和接口的联系与区别。

（5）我们经常去图书馆借书,那么图书与学生之间关系的多重性应该如何表示？对于这幅图这个双向关联应该怎么去读它？

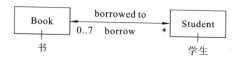

（6）如 Windows 窗体由滑动条 slider、头部 header 和工作区 panel 组合而成,试画出俱乐部与会员、汽车与轮胎、多边形与点之间的类图。

（7）请根据如下代码描述如下 User 类与 Order 类之间关联的方向。

```
Public class User
{
    Public List< Order>  GetOrder()
    {
    return new List< Order> ();
        }
}
Public Class Order
{
    Public User GetUserByOrderID(string OrderId)
    {
      Return new User();
      }
    }
```

（8）根据下述实例进行类图建模。

小王是一个爱书之人,家里各类书籍已过千册,而平时又时常有朋友外借,因此需要一个个人图书馆管理系统。该系统应该能够将书籍的基本信息按计算机类、非计算机类分别建档,实现按书名、作者、类别、出版社等关键字的组合查询功能。在使用该系统录入新书籍时系统会自动按规则生成书号,可以修改信息,但一经创建就不允许删除。该系统还应该能够对书籍的外借情况进行记录,可对外借情况列表打印。另外,还希望能够对书籍的购买金额、册数按特定时间周期进行统计。

第 5 章　动态建模之交互模型——顺序图、协作图

人类处在一个动态的世界中,门窗可以打开和关闭,灯可以开和关;一幢大楼的空调、恒温器和通风管道一起工作以调节和控制整幢大楼的温度;传感器探测事件的存在和消失,随条件的变化调节灯光、冷热和音乐。软件设计师经常需要从不同的角度对系统进行建模,本章将从动态视角学习建模,系统中的动态模型又包括两类:交互模型和状态模型。交互模型用来描述对象与参与者之间的动态协作关系和协作过程中行为次序的图形文档,以顺序图与协作图进行表现。

5.1　系统设计中的动态建模

UML 视图可分为静态视图、动态视图和管理视图。其中,系统中的动态模型又包括两类:交互模型和状态模型。将顺序图与协作图归为交互模型,状态图与活动图归为状态模型。

1. 交互模型

在对象相互连接的地方,到处可以发现交互,人类一直处在动态的世界中。在使用用例明确系统需求并且标识出系统的类图之后,还需要进一步描述这些类的对象是如何交互来实现用例功能的。即不但需要把用例模型转化为类图模型,还要将它转化为交互图模型。

交互是指在语境中由实现某一目标的一组对象之间进行交换的一组消息所构成的行为。而交互模型用来描述对象与参与者之间的动态协作关系和协作过程中行为次序的图形文档。即交互图表示类(对象)如何交互来实现系统行为。它通常用来描述一个用例的行为,显示该用例中所涉及的对象和这些对象之间的消息传递情况。

交互模型包括顺序图和协作图两种形式。顺序图着重描述对象按照时间顺序的消息交换,协作图着重描述系统成分如何协同工作。顺序图和协作图从不同的角度表达了系统中的交互和系统的行为,它们之间可以相互转化。一个用例需要多个顺序图或协作图,除非特别简单的用例。

交互模型可以帮助分析人员对照检查每个用例中描述的用户需求,如这些需求是否已经落实到能够完成这些功能的类中去实现,提醒分析人员补充遗漏的类或方法。交互模型和类图可以相互补充,类图对类的描述比较充分,但对对象之间的消息交互情况的表达不够详细;而交互模型不考虑系统中的所有类和对象,但可以表示系统中的某几个对象之间的交互。

在这里应该注意,交互模型描述的是对象之间的消息发送关系,而不是类之间的关系。在交互模型中一般不会包括系统中所有类的对象,但同一个类可以有多个对象出现在交互模型中。

2. 状态模型

交互模型表示了类(对象)如何交互来实现系统行为,状态模型则描述了在交互过程中各个类(对象)的状态。

状态模型包括状态图和活动图。其中,状态图表现了从一个状态到另一个状态的控制流,它关注一个对象的生命周期内的状态和状态变迁,以及引起状态变迁的事件和对象在状态中的动作等。活动图表达了系统的一个过程或操作的工作步骤,用于描述多个对象在交互时采取的活动,它关注对象如何相互活动以完成一个事物。将在第 6 章对状态模型进行详细介绍。

下面来认识交互模型中的顺序图和协作图。

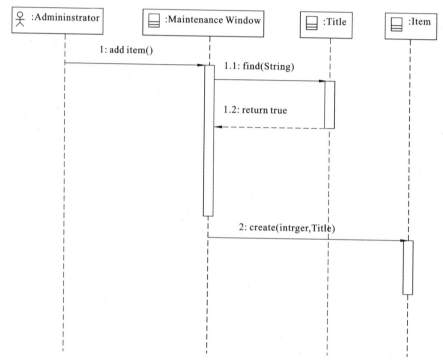

图 5-1　系统管理员添加书籍顺序图

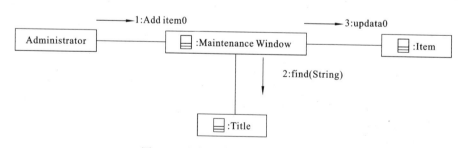

图 5-2　系统管理员添加书籍协作图

在系统管理员添加书籍例子中,顺序图依照时间的前后顺序展示系统事件的发生过程。系统管理员首先添加项目,然后找到相应的字符串,返回正确值,最后添加成功。而在协作图中,注重的则是组织之间的协作关系,如在添加书籍的例子中,展示了管理员和系统窗口之间的协作关系,并没有显示时间的发生顺序。

(1) 顺序图和协作图都可以表示对象间的交互关系,但它们的侧重点不同。

(2) 顺序图描述对象按时间顺序的消息交换过程,它体现出系统用例的行为。

(3) 协作图描述对象间的组织协作关系,它也可体现出系统用例的行为。

5.2　顺序图

顺序图又称时序图,用来描述对象之间动态的交互关系,着重体现对象间消息传递的时间顺序。顺序图用来建模以时间顺序安排的对象交互,并且把用例行为分配给类,用来显示参与者如何采用若干顺序步骤与系统对象交互的模型。当执行一个用例行为时,时序图中的每条消息对应了一个类操作或状态机中引起转换的触发事件。

如图 5-3 所示是一个简单的电子商城中顾客删除订单的顺序图例子。

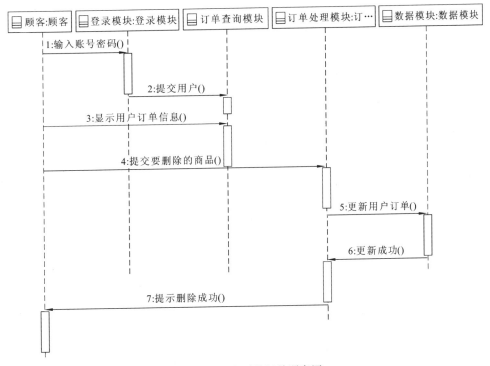

图 5-3　顾客删除订单顺序图

在 UML 中,顺序图是一个二维图形。顺序图包含了 4 个元素,分别是对象、生命线、消息和激活。顺序图中的垂直方向为时间维,沿垂直向下方向按时间递增顺序列出对象所发出和接收的消息。横轴代表了在协作中各个独立的对象。当对象存在时,生命线用一条虚线表示,当对象的过程处于激活状态时,生命线呈现为长条矩形形状。消息用从一个对象的生命线到另一个对象生命线的箭头表示,箭头以时间顺序在图中从上到下排列。

5.2.1　顺序图的基本构成元素

顺序图有两个主要的标记符：活动对象和这些活动对象之间的通信消息。

1. 对象

活动对象可以是系统的参与者或者任何有效的系统对象。对象是类的实例，它使用包围名称的矩形框标记。从表示对象的矩形框向下的垂直虚线是对象的生命线，用于表示在某段时间内该对象是存在的。

对象从左到右布置在顺序图的顶部（如图 5-3 所示）。布局以能够使图尽量简洁为准。活动对象可以是系统的参与者或者任何有效的系统对象。

对象是类的实例，顺序图中对象的符号和对象图中对象所用的符号一样，都是用矩形将对象名称包含起来，并且对象名称下有下划线。将对象置于顺序图顶部意味着在交互开始的时候对象就已经存在了，如果对象的位置不在顶部，那么表示对象是在交互的过程中创建的。

2. 生命线

生命线是一条垂直的虚线，表示顺序图中的对象在一段时间内的存在。每个对象的底部中心的位置都带有生命线。生命线是一个时间线，从顺序图的顶部一直延伸到底部，所用的时间取决于交互持续的时间。对象与生命线结合在一起称为对象的生命线，对象的生命线包含矩形的对象图标和图标下面的生命线，如图 5-4 所示。

3. 激活

顺序图可以描述对象的激活和去激活。激活表示该对象被占用以完成某个任务，去激活指的是对象结束任务处于空闲状态，在等待消息。在 UML 中，为了表示对象是激活的，将对象的生命线拓宽称为矩形，如图 5-5 所示。其中的矩形称为激活期或控制期，对象就是在激活条的顶部被激活的。对象在完成自己的工作后被去激活，这通常发生在一个消息箭头离开对象生命线的时候。激活区表示该对象的激活时间段，即活动区间。

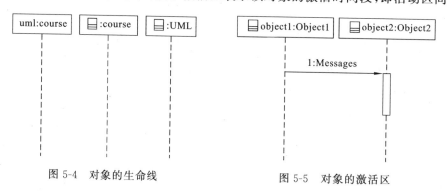

图 5-4　对象的生命线　　　　　　　　　图 5-5　对象的激活区

4. 消息

消息是顺序图活动对象之间通信的唯一方式。UML 中的消息使用了一些简洁的标记符。消息定义的是对象之间某种形式的通信，它可以激发某个操作、唤起信号或导致目标对象的创建或撤销。消息是两个对象之间的单路通信，从发送方到接收方的控制信息流。消息可以用于在对象间传递参数。

在 UML 中,消息使用箭头来表示,箭头的类型表示了消息的类型,如图 5-6 所示。

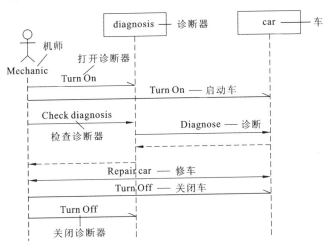

图 5-6　不同消息类型的表示

消息有 4 种类型:同步消息、返回消息、异步消息和普通消息。

其中,普通消息表示控制流,它展示了控制如何从一个对象传递到另一个对象,但不描述任何通信的细节。当不知道通信的细节或在图中不涉及时使用这种消息类型,教师在邮件应用中的普通消息如图 5-7 所示。

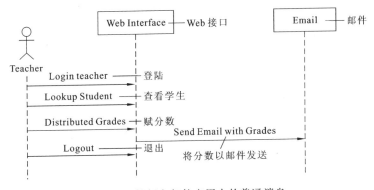

图 5-7　教师在邮件应用中的普通消息

同步消息代表一个操作调用的控制流。同步消息的发送者把控制传递给消息的接收者,然后暂停活动,等待消息接收者的应答,收到应答后才继续自己的操作,教师在邮件应用中的同步消息如图 5-8 所示。

异步消息用于控制流在完成前不需要中断的情况。异步消息的发送者把控制传递给消息的接收者,然后继续自己的活动,不需要等待接收者返回信息或控制,如图 5-9 所示。值得注意的是,一条异步消息每次只发一个信号,即只做一件事。可以做的事情是创建一个新对象;创建一个新线程,此时异步消息连接到一个激活期的顶部;与一个正在运行的线程通信。

返回消息表示从过程调用返回。如果是从过程调用返回,则返回消息是隐含的,所以

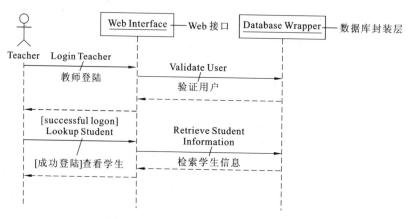

图 5-8　教师在邮件应用中的同步消息

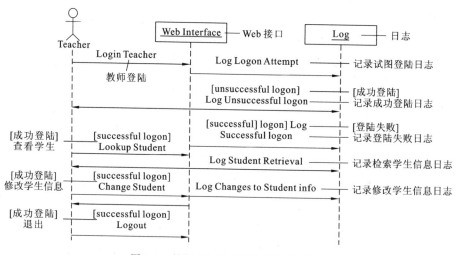

图 5-9　教师在邮件应用中的异步消息

返回消息可以不用画出来。对于非过程调用，如果有返回消息，必须明确表示出来。

- 同步Synchronous ⟶
- 返回Return ⟵----
- 异步Asynchronous ⟶
- 普通Flat ⟶

图 5-10　消息的类型表示

图 5-10 是几种消息类型的表示形式。

图 5-11 中有 4 个活动对象：Developer、Compiler、Linker 和 FileSystem。Developer 是系统的参与者。Compiler 是和 Developer 交互的应用程序。Linker 是一个用来链接对象文件的独立进程。FileSystem 用来执行文件的输入和输出例程。

Compile Application 用例的顺序图操作如下。

（1）Developer 请求 Compiler 执行编译。

（2）Compiler 请求 FileSystem 加载文件。

（3）Compiler 通知自己执行编译。

（4）Compiler 请求 FileSystem 保存对象代码。

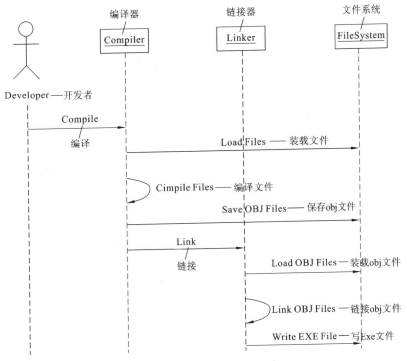

图 5-11　程序编译顺序图

（5）Compiler 请求 Linker 链接对象代码。

（6）Linker 请求 FileSystem 加载对象代码。

（7）Liker 通知自己执行链接。

（8）Linker 请求 FileSystem 保存编译的结果。

5.2.2　顺序图中的动作

1. 创建对象

有一个主要步骤用来把 create 消息发送给对象实例。对象创建之后就会具有生命线，就像顺序图中的任何其他对象一样，可以使用该对象来发送和接收消息。

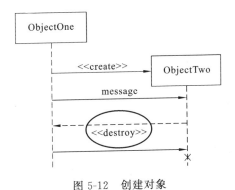

图 5-12　创建对象

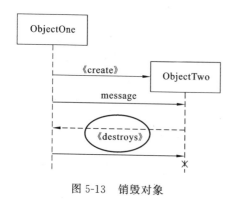

图 5-13 销毁对象

2. 销毁对象

在处理新创建的对象,或者处理顺序图中的任何其他对象时,都可以发送 destroys 消息来删除对象。若想说明某个对象被销毁,需要在被销毁对象的生命线上放上一个 X 字符,如图 5-13 所示。

3. 修改控制流

控制流的改变是由于不同的条件导致控制流走向不同的道路。其中,有两种方式来修改控制流:分支和替代流。这两种方式很相似,各自的标记符号略微不同。

在分支中,消息的开始位置是相同的,分支消息的结束高度也是相等的,这说明在下一步中,其中之一将会执行,如图 5-14 所示。

替代流也允许修改控制流,但是它还允许改变控制流到相同对象的另一条生命线上。替代流示例如图 5-15 所示。

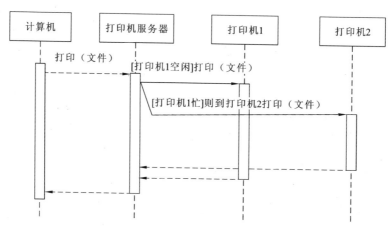

图 5-14 分支流示例

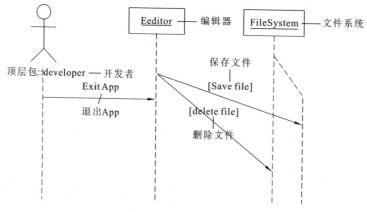

图 5-15 替代流示例

5.2.3 顺序图高级建模

1. 循环

一个对象向另一个对象连续多次发送一系列消息,称为消息的循环处理。在 UML 的顺序图中,循环处理标记用一个矩形框与其包含的一组消息表示,表示停止循环的条件用方括号围起来并标识在矩形框内的底线上。图 5-16 给出了一个带循环标记的顺序图示例。

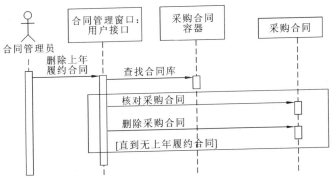

图 5-16 一个带循环标记的顺序图示例

2. 帧化顺序图

UML 2.0 针对顺序图添加了一个有用的改动。可以帧化一个顺序图:用一个边框包围它并在左上角添加一个间隔区。这个间隔区包含了识别该顺序图的信息,如图 5-17 所示。

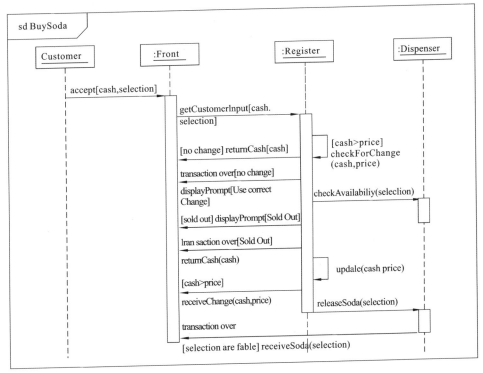

图 5-17 帧化顺序图的表示

如果要为一个用例的多个场景创建实例顺序图,就会注意到图和图之间的相当一部分内容是重复的。帧化的方法可使在一张顺序图中快速容易地复用另一张顺序图的部分内容。先在一部分图的周围绘制一个帧,标记出帧的隔离区,然后只要把带有标记的帧(不需要绘制消息和生命线)插入一个新图中就可以复用了。这个特定的帧化的部分叫做交互事件,它的操作符是 ref,如图 5-18 所示。

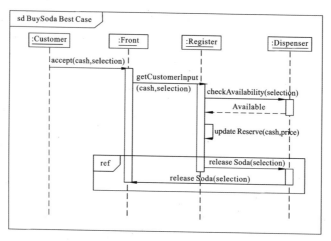

图 5-18　顺序图中帧化一个交互事件

交互事件是交互片断的一种特殊情况。交互片断是 UML2.0 中对一个顺序图的某一段的更一般称呼。可以用多种方式来组合交互片断。操作符表示了不同的组合类型。为了表示这种组合,将整个片断帧化,再用一条虚线表示邻接交互片断的边界。交互片断的组合如图 5-19 所示。

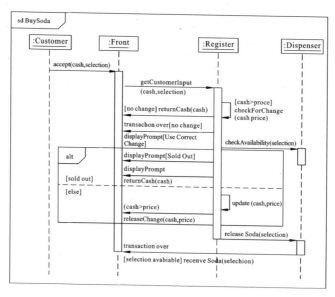

图 5-19　交互片断的组合

5.3 顺序图的建模方法

在分析和设计过程中,建立顺序图的一般步骤如下。

(1) 确定需要建模的工作流。

(2) 识别参与交互过程的对象,从左到右布置对象。

(3) 为每个对象设置生命线,即确定哪些对象存在于整个交互过程中,哪些对象在交互过程中被创建和撤销。

(4) 添加消息和条件以便创建每一个工作流。将每一个工作流作为独立的顺序图建模,从基本的工作流开始,它是没有出错条件并且需要最少决策的工作流。

(5) 绘制总图以便连接各个分图。

一般情况下,会有很多顺序图,其中的一些是主要的,另一些用来描述可选择的路径或例外条件,可以使用包来组织这些时序图的集合,并给每个图起一个合适的名字,以便与其他图相区别。那么,建立顺序图时要遵循以下策略。

(1) 设置交互的环境,这些语境可以是系统、子系统、操作、类、用例或协作的脚本。

(2) 通过识别对象在交互中扮演的角色,设置交互的场景。以从左到右的顺序将对象放到顺序图的上方,其中较重要的放在左边,与它们相邻的对象放在右边。

(3) 为每个对象设置生命线。通常情况下,对象存在于整个交互过程中。对于那些在交互期间创建和撤销的对象,在适当的时刻设置它们的生命线,并用适当的构造型消息显式地说明它们的创建和撤销。

(4) 从引发某个消息的信息开始,在生命线之间画出从顶到底依次展开的消息,显示每个消息的特征。若有需要,解释交互的语义。

(5) 如果需要说明时间或空间的约束,可以用时间标记修饰每个消息,并附上合适的时间和空间约束。

(6) 如果需要形式化地说明某控制流,可以为每个消息附上前置和后置条件。

一个单独的顺序图只能显示一个控制流。通常一个完整的控制流肯定是复杂的,所以,将一个大的流分为几部分放在不同的图中是比较合适的。

5.4 协作图

前面介绍了交互图的一种形式——顺序图,接下来介绍交互图的另一种形式——协作图。与顺序图描述随着时间交互的各种信息不同,协作图可以用来描述系统对象之间的交互,它强调了对象和对象之间的静态关系。协作图按组织对控制流建模,展示了交互中实例之间的结构关系和所传送的消息。它是对象图的扩展——除了展示出对象之间的关联,还显示出对象之间的消息传递。

为了弄清楚对象图和协作图之间的关系,一个办法是设想一下一个快照和一部电影之间的区别。对象图是一个快照,只展现某一个时刻类的实例是如何关联到一起的。协作图是一部电影,它展示了整个过程中实例之间的交互。

也就是说,协作图是用于描述系统的行为是如何由系统的成分协作实现的图,协作图的一个用途是表示类操作的实现。协作图可以说明类操作中用到的参数、局部变量和操作中的永久链。当实现一个行为时,消息编号对应了程序中嵌套的调用结构和信号传递过程。

如图 5-20、图 5-21 所示,对同一个场景分别用顺序图和协作图进行描述。

顺序图中强调了事情发展的时间顺序:首先是某人踢猫,然后猫向(英国)皇家防止虐待动物协会(Royal Society for the Prevention of Cruelty to Animals,RSPCA)工作人员举报,工作人员再报告给警察,最后警察逮捕该人。

而协作图则强调了对象之间的关系结构和传递的消息:某人和猫链接,猫和 RSPCA 链接,RSPCA 和警察链接,警察再和该人链接;链接关系上有发生的消息传递。

图 5-20　顺序图示例

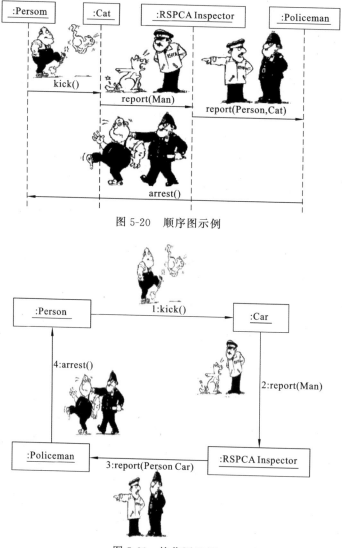

图 5-21　协作图示例

5.5 协作图的组成部分

从图 5-21 可以看出协作图包括三个图形元素:对象、链和消息。

5.5.1 对象

协作图和顺序图中对象的概念一样,对象在协作图中担任一个具体的角色,可以把对象名写为具体的角色名,如果不表明角色,则说明该对象为一个匿名对象。由于在协作图中,无法表示对象的创建和撤销,所以对象在图中的位置没有限制。图 5-21 中矩形代表的就是对象。

5.5.2 链接

链是对象之间的语义连接,关联的一个实例。协作图中链的符号和对象图中链所用的符号是一样的,即一条连接两个类角色的实线(如图 5-22 所示)。

链指明了一个对象向另一个对象(或自身)发送消息的路径。一般标定一个路径就够了。如果需要更精细地表示路径是如何存在的,可以将链的端点修饰成下面任一标准构造型:自身≪self≫、全局≪global≫、局部≪local≫、参数≪parameter≫、广播性≪broadcast≫。

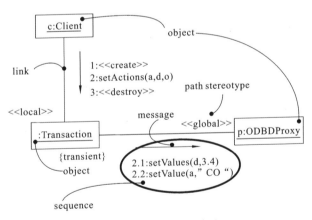

图 5-22 链中路径的存在

其中,自身≪self≫说明对应的对象因为是本操作的调遣者,所以是可见的;全局≪global≫说明对应的对象在全局范围内可见;局部≪local≫说明对应的对象在局部范围内是可见的;参数≪parameter≫说明对应的对象因为是一个参数,所以是可见的;广播性≪broadcast≫指出这组消息没有确定的目标对象,系统中每个对象都是其潜在的目标对象。

5.5.3 消息

如果对一段时间内一组对象的状态的变化情况进行建模,可以把它想象为一组对象的一个运动画面,每一幅画面描述一个连续的时间段。如果这些对象不是空闲的,将看到一些对象向其他的对象传送消息、发送事件和调用操作。消息是传送信息的对象之间所进行的通信的详述,该信息带有对将要发生的活动的期望。

1. 消息内容的标识

消息内容标识的格式为:[序号][条件] * [重复次数][回送值表:＝]操作名(参数表)。其中,消息标识的格式应符合下列使用规则。

(1) 序号:表示消息在对象间交互的时间顺序号。

(2) [警戒条件]:选择项,为一布尔条件表达式。

(3) * [重复次数]:选择项,表示消息重复发送的次数。

(4) 回送值表:以“,”区分的名字表列,分别表示完成指定操作后返回的系列值,可缺省。

(5) 操作名:必须是接收该消息的对象类角色中的操作名。

(6) “()”内的参数表是以“,”号区分的实参表,传送给接收消息的对象中的某个操作。

2. 消息的种类

消息分为嵌套消息、循环发送消息、并发消息、条件发送消息。

1) 嵌套消息

协作图中的消息必须用整数指定消息发送的顺序号。消息序列从消息 1 开始,消息1.1 是消息 1 处理中的第 1 个嵌套消息;消息 1.2 是消息 1 处理中的第 2 个嵌套消息,依次类推。这种顺序号描绘了消息的发送顺序和嵌套关系。如果是同步消息,则嵌套地调用操作并等待返回。嵌套消息如图 5-23 所示。

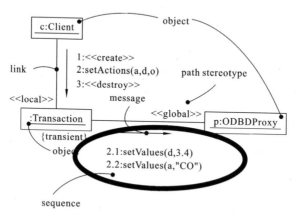

图 5-23　嵌套消息

2) 循环发送消息

表示有条件地重复执行,它的形式如:* [循环执行条件]。例如,当消息要表示根据收款单的个数依次循环顺序打印出单据,直到收款单为空才停止打印时,用循环消息的形式表示为“1.1:[收款单! ＝NULL]:打印单据”。循环发送消息如图 5-24所示。

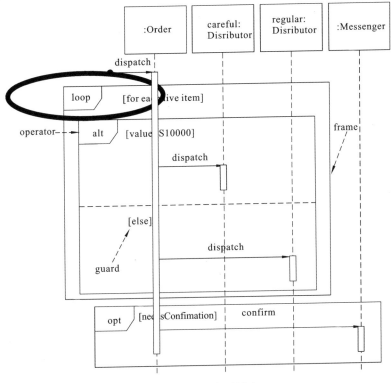

图 5-24　循环发送消息

3) 并发消息

并发消息:相同的顺序号后面的不同名字表示并行的控制线程。例如,在图 5-25 所示的协作图中,类 StockTicker 的对象 s、IndexWatcher 的对象 i 和 CNNNewFeed 的对象 c 并发地把信号放入系统中,其中 s 和 i 分别与自己的 Analyst 实例 a1 和 a2 通信。为简单起见,假定在任意时刻 Analyst 的实例中只有一个控制流。由于 Analyst 的两个实例同时与类 AlertManager 的对象 m 进行通信,所以 m 中同一时刻必定存在多个控制流。

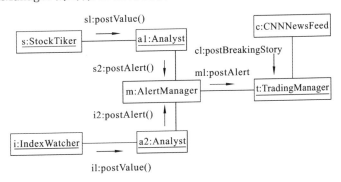

图 5-25　并发控制流消息编号示例

4) 条件发送消息

表示当满足条件时发送该消息,它的形式如:[执行条件]。例如,消息"1.2:[已收款总额＝＝合同总金额］：设置合同履约标志()"表达的意思是消息序列 1 的第 2 个嵌套消息要求检查合同中已收款总额是否等于合同总金额，如果满足条件，证明该合同已经执行完毕，调用操作"设置合同履约标志()"；如果不满足条件，则不调用该操作。如图 5-26 中条件发送消息 6、7 所示。

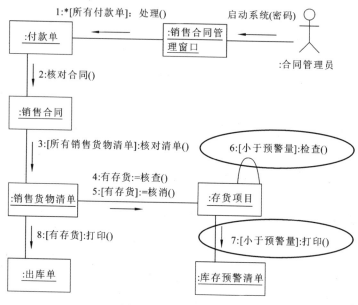

图 5-26　条件发送消息

5.5.4　消息的序列

当一个对象向另一个对象发送消息(实际上，它代表了对接收者的某些动作)时，接收的对象接下去可能会发送消息给另一个对象，另一个对象又可能发送消息给下一个不同的对象，一直传下去，这个消息形成了一个序列。

任何序列都有开始，每个消息序列都是从某些进程或线程开始的。而且，只要进程或线程继续，它就会继续执行。

一个系统中的每个进程和线程都可以定义一个清晰的控制流，在每一个流中，消息是按时间顺序排列的。为了在图形上更好地可视化一个消息的序列，可以显式地对消息在序列开始后的相对顺序建模，即在每个消息的前面加上一个用冒号隔开的顺序号。

5.6　协作图的一些高级概念

1. 协作图中对象的创建和消亡

在协作图的对象框中，可以在花括号{}内填写文字用来表示该对象的创建和消亡(如图 5-23 所示)。

对象的创建——{new}表示该对象在协作期被创建。

对象消亡——{destroyed}表示该对象在协作期消亡。

对象创建并消亡——｛transient｝表示该对象在协作期被创建并消亡。

以下代码为 AddSubCmd 被创建,则其在协作图中的表示如图 5-27 所示。

```
class URSDatabase{
  private String cmdN;
  private String cmdA;
  public procCommand(String cmd){
    parseCommand(cmd);
    if (cmdN = = ADDSUB){
      AddSubCmd a = new AddSubCmd(u,cmdA);
    }
  }
}
```

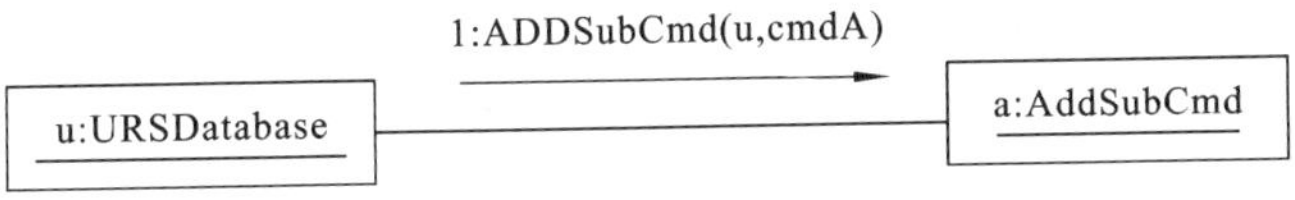

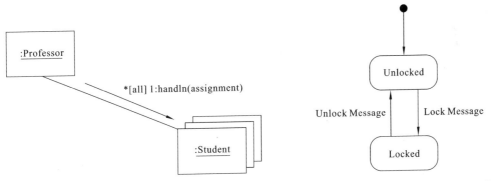

图 5-27　协作图对象的创建

2. 发送给多对象的消息

一个对象可能会向同一个类的多个对象同时发送一个消息。例如,老师会让多个学生同时交作业。在协作图中,多对象用一叠向后延伸的多个对象图标表示。在多对象前面可以加上用方括号括起来的条件,前面加一个星号,用来说明消息发送给多个对象,如图 5-28 所示。

3. 协作图中对象状态的改变

在交互过程中,对象的属性值、状态和角色是经常改变的。因此可以在交互过程中用赋值对象(其属性值、状态或角色可能不同)表示一个对象的修改。如图 5-29 所示。

图 5-28　一个对象向多对象发送消息　　　　图 5-29　对 Car 的 Locked 和 Unlocked 状态建模

4. 控制流建模

面对一个具体的开发项目,在进行面向对象的系统分析与设计中,如何理解和掌握系统全部的控制流是最困难的事情。在 UML 中,利用顺序图和协作图可以有效地帮助人们观察和分析系统的交互行为。

在面向对象的系统分析和设计中要对控制流进行建模,首先必须对系统中的对象进行分类,找出其中的主动对象类和被动对象类,并了解进程和线程等基本概念。

(1)进程。进程是一个动作流,能够与其他线程并发执行。

(2)线程。线程是进程内部的一个工作流,能够与其他线程并发执行。

(3)主动对象。一个拥有进程或线程的对象,能够初始化控制活动。主动对象一旦被创建,无须其他对象发来消息进行触发,即能自动执行动作。主动对象提供主动服务,如系统的操作界面可以模型化为主动对象。一个系统中可以有多个主动对象,各自独立并发运行。

(4)被动对象。必须由其他对象发来的消息进行触发才执行动作的对象。系统中绝大多数对象都是这种类型。

(5)主动对象类。主动对象类是主动对象的抽象。主动对象是主动对象类的实例。主动对象用约束来说明或用线条的对象框表示。

在 UML 中,可以把一个独立的单控制流(单线程)模型化为一个主动对象,而对于多控制流(多线程)的建模可以用协作图描述。在一个协作图中,包含多个代表独立控制流的主动对象,在这些主动对象之间、主动对象与其他被动对象之间、被动对象之间可以存在链接,它们之间相互发送消息或信号,共同协作完成某个特定的功能。

5.7　协作图的建模方法

在分析和设计过程中,建立协作图的基本步骤如下。

1. 确定交互及涉及的对象

设置交互的语境,这些交互的语境可以是系统、子系统、操作、类、用例或协作的脚本。

2. 协作图中对象排列的原则

(1)通过识别对象在交互中扮演的角色,设置交互的场景。最重要的对象应在图的中央;与其有直接交互的对象放置在邻近的地方。

(2)对象初始化,如果某个对象的属性值、标记值、状态或角色在交互期间发生重要变化,则在图中放置一个复制的对象,并用这些新的值更新它,然后通过构造型将两者相连。

(3)选择初始对象。

3. 链接和消息传递

在链接和消息传递中,要表明对象之间的链接;在链接上表明消息的序号;在消息箭头上标出消息标签的内容、约束或构造型;区别同步消息和异步消息的图标表示符;最后,协作图从初始对象开始,在其终止对象结束。如果需要更形式化地说明整个控制流,可以为每个消息附上前置和后置条件。

5.8　协作图与顺序图的比较

之前已经提到,顺序图和协作图都属于交互图,都用于描述系统中对象之间的动态关系。只是它们的侧重点不同：顺序图描述了交互过程的时间顺序，但没有明确表达对象之间的关系；协作图描述了对象之间的关系，但时间顺序必须从顺序号获得，顺序图和协作图如图 5-30 所示。

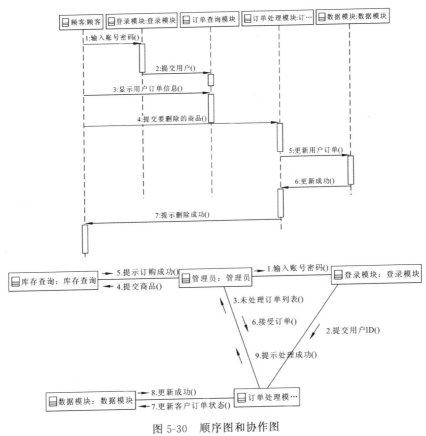

图 5-30　顺序图和协作图

因为顺序图和协作图都来自 UML 的元模型中相同的信息，所以两者在语义上是等价的。因此，它们就可以从一种形式的图转换为另一种形式的图，而不丢失任何信息。

因此，顺序图和协作图之间的相同点主要有以下 3 点。

（1）规定责任。两种图都直观地规定了发送对象和接收对象的责任。将对象确定为接收对象，意味着为此对象添加一个接口。而消息描述成为接收对象的操作特征标记，由发送对象触发该操作。

（2）支持消息。两种图都支持所有的消息类型。

（3）衡量工具。两种图还是衡量耦合性的工具。前面已经提到，耦合性用来衡量模型之间的独立性，通过检查两个元素之间的通信，可以很容易地判断出它们的依赖关系。如果查看对象的交互图，就可以看见两个对象之间消息的数量和类型，从而简化或减少消息的交互，以提高系统的设计性能。

顺序图和协作图之间的区别如下。

1）顺序图

（1）顺序图有对象生命线。这些对象都排列在图的顶部,其生命线从图的顶部画到图的底部。注意:协作图中对象可以在交互过程中创建,它们的生命线从接收到构造型为 create 的消息时开始,对象也可以在交互过程中撤销,它们的生命线在接收到构造型为 destroy 的消息时结束。

（2）顺序图有控制焦点。控制焦点是一个瘦高的矩形,表示一个对象执行一个动作所经历的时间段,既可以是直接执行,也可以是通过下级过程执行。在协作图中不能显式地显示一个对象的生命线,也不能显式地显示控制焦点。

（3）顺序图可以表现对象的激活和去激活。顺序图可以表现对象的激活和去激活情况,但对于协作图,由于没有时间的描述,所以除了通过对消息进行解释,它无法清晰地表示对象的激活和去激活状态。

2）协作图

（1）协作图有路径。为了指出一个对象如何与另一个对象链接,可以在链的末端附上一个路径构造型。例如,构造型≪local≫,表示指定对象对于发送者是局部的。

（2）协作图有顺序号。在这要注意:沿同一个链,可以显示许多消息可能来自不同的方向,并且每个消息都有唯一的一个顺序号。在顺序图中不显式地显示对象之间的链,也不显式地显示一个消息的顺序号,它的顺序号隐含在从图的顶部到底部的消息的物理顺序中。

（3）协作图显示对象之间是如何被链接的。协作图的重点是将对象的交互映射到它们之间的链上,即协作图以对象图的方式绘制各个参与对象,并且将消息和链平行放置。这种表示方法有助于通过查看消息来验证类图中的关联或者发现添加新的关联的必要性,但是顺序图却不把链表示出来。

顺序图强调的是消息的时间顺序,而协作图强调的是参与交互的对象的组织。所以,当对控制流建模强调按时间展开的消息的传送时,使用顺序图;当强调在结构的语境中的消息的传递时,使用协作图。

5.9　本章小结

本章主要介绍了详细设计阶段动态建模中的交互模型。软件开发中概要设计之后是系统详细设计阶段,该阶段的工作就是对系统中的每一个模块给出足够详细的过程性描述。本章介绍了详细设计阶段的任务和应遵循的一些原则。

在面向对象系统分析与设计中,动态建模用来描述系统的动态建模。动态建模包括交互模型和状态模型。交互模型表示了对象如何交互来实现系统行为,状态模型则描述了在交互过程中各个对象的状态。交互模型包括顺序图和协作图,状态模型包括状态图和活动图。

顺序图用来描述对象之间动态的交互关系,着重体现对象间消息传递的时间顺序。

顺序图的基本构成元素有对象、生命线、激活和消息。对象之间通过消息相互通信,消息有 4 种类型,分别为同步消息、返回消息、异步消息和普通消息。

与顺序图描述随着时间交互的各种信息不同,协作图描述的是和对象结构相关的信息。协作图是用于描述系统的行为是如何由系统的成分协作实现的图,协作图的一个用途是表示类操作的实现。在协作图中有 3 个图形元素:对象、链和消息。消息分为嵌套消息、顺序消息、并发消息、循环发送消息、条件发送消息。在协作图中,一个系统中的每个进程和线程都可以定义一个清晰的控制流,在每一个流中,消息是按时间顺序排列的,这就是消息的序列。

顺序图和协作图都属于交互图,但是它们的侧重点不同:顺序图侧重于时间顺序;协作图则侧重于对象间的交互。本章最后介绍了顺序图和协作图的相同点和不同点。

5.10　习题 5

1. 填空题

(1) UML 可分为动静模型,其中动态模型又分为两种,即_____和_____。

(2) _____又称时序图,用来描述对象之间动态的交互关系,着重体现对象间消息传递的时间顺序。

(3) 在 UML 中,顺序图是一个_____维图形。顺序图中的垂直方向为_____维,横轴代表了在协作中各个独立的_____。

(4) 顺序图中包含了 4 个元素,分别是_____、_____、_____和_____。

(5) 消息的类型中,_____用于控制流在完成前不需要中断的情况,发送者不需要等待接收者返回信息或控制;_____代表一个操作调用的控制流,发送者需要收到应答后才继续自己的操作。

2. 名词解释

(1) 交互模型

(2) 同步消息

(3) 异步消息

(4) 主动对象

(5) 被动对象

3. 简答题

(1) 简述顺序图中各个元素的图符表示。

(2) 简述顺序图和协作图的异同点。

(3) 试述图 5-31 中各对象的创建和消亡过程。

(4) 画出客户李明取 20 元钱的顺序图。其中活动对象为李明、读卡机、ATM 屏幕、李明账户和取钱机;要求运用活动对象、生命线、激活期、消息序号和消息类型。

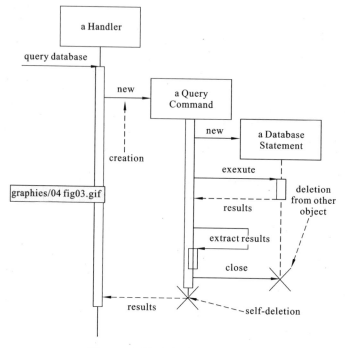

图 5-31　对象的创建和消亡示例

（5）看如下循环并用顺序图表示。

```
procedure dispatch
foreach (lineitem)
if (product.value >  $ 10K)
    careful.dispatch
else
    regular.dispatch
end if
end for
if (needsConfirmation) messenger.confirm
end procedure
```

（6）请画出"病症监护"的顺序图。

目标：对病人的病症信号进行监测、处理，超过极限报警。

主要步骤：①病症监视器可以将采集到的病症信号（组合），格式化后实时地传送到中央监护系统；②中央监护系统分解信号。按设定频率连续接收来自各自病人的病症信号，并进行分解；③中央监护系统将病人的病症信号与专家系统（标准病症信号库）中的标准信号进行比较，判断是否超过极限值；④若超过极限值，则报警；⑤数据格式化，将处理后的数据格式化以便写入病例库；⑥更新病例和打印病情报告。

（7）叙述图 5-32 的电梯运行协作图。

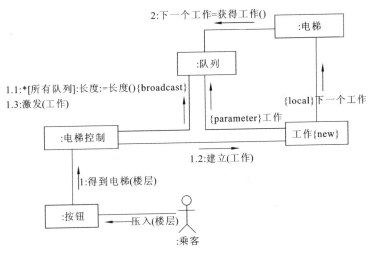

图 5-32　电梯运行协作图

第6章　动态建模之状态模型

本章探讨动态建模之状态模型。状态图和活动图都是对系统的动态方面进行建模的图,它们都属于状态模型。一个状态图显示了一个状态机。活动图是状态图的一种特殊情况,其中所有或大多数状态是活动状态,而且所有或大多数转换都是由源状态中活动的完成触发的。因此,活动图显示的是从活动到活动的控制流,而状态图显示的是从状态到状态的控制流。下面将对状态图和活动图进行详细介绍。

6.1　状态图

树叶的颜色随着季节而变化,时间的流逝能使小孩变成大人,服装和小轿车每年都有新款推出。一个普通的现象随着时间的流逝会变化,人们周围的对象都要经历变化。

计算机系统也是如此。当系统与用户(也可能是其他系统)交互的时候,组成系统的对象为了适应交互需要经历必要的变化。如果要对系统建立模型,那么模型中心必须要反映出这种变化。状态图能够展示这种变化。

一个状态图显示了一个状态机,它强调从状态到状态的控制流。

6.1.1　状态机

一个状态机是一个行为,它说明对象在它的生命期中响应事件所经历的状态序列和它们对那些事件的响应。一个状态是指在对象的生命期中的一个条件或状况,在此期间对象将满足某些条件、执行某些活动或等待某些事件。一个事件是对一个时间和空间上占有一定位置的有意义的事情规格说明。在状态机的语境中,一个事件是一次激发的产生,激发能够触发一个状态转换。一个转换是两个状态之间的一种关系,它指明对象在第一个状态中执行一定的动作,并当特定事件发生或特定条件满足时进入第二个状态。一个活动是状态机中进行的非原子执行。一个动作是一个引起模型状态改变或值的返回的可执行的原子计算。在图形上,状态用圆角的矩形表示。转换用一条直的有向实线表示。

状态机不仅可以用于描述类的行为,也可以用于描述用例、协作和方法甚至整个系统的动态行为。

6.1.2　状态图的含义

一个状态图表示一个状态机,主要用于表现从一个状态到另一个状态的控制流。状态图通过对类的生存周期建立模型来描述对象随事件发生变化的动态行为,描述一个类对象所有可能的生命历程。它不仅可以展现一个对象拥有的状态,还可以说明事件(如消息的接收、错误、条件变更等)如何随着时间的推移影响这些状态。

值得注意的是,状态图与类图、对象图和用例图有着本质的不同。类图、对象图和用例图能够对一个系统或者至少是一组类、对象或用例建立模型。而状态图只是对单个对象建立模型。

状态图由表示状态的节点和表示状态之间转换的带箭头的直线组成。若干状态由一条或者多条转换箭头连接,状态的转换由事件触发。模型元素的行为可以由状态图中的一条通路表示,沿着此通路状态机随之执行了一系列动作。

一个简单的状态图如图 6-1 所示。

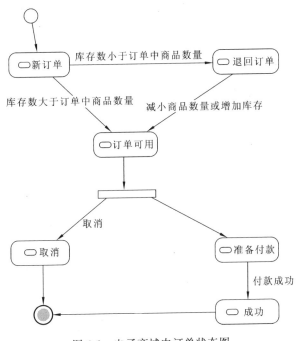

图 6-1　电子商城中订单状态图

6.2　状态图的建模元素

6.2.1　状态图的基本组成成分

UML 中状态图的图形元素有状态、转换、初始状态、终止状态和判定。各个图符如图 6-2 所示。

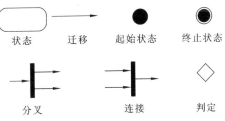

图 6-2　状态图中的基本描述图符集

其中,在 UML 状态图中,状态由一个圆角的矩形表示,状态图的图标可以分为 3 部分:名称、内部转换和嵌套状态图。

(1) 名称表示状态的名字,通常用字符串表示,一个状态的名称在状态图所在的上下文中应该是唯一的,状态也允许匿名。

(2) 在内部转换中可以包含进入或者走出此状态应该执行的活动或动作,它们将响应对象接收到的事件,但是不改变对象的状态。

(3) 状态图中的状态有两种:一种是简单状态,简单状态不包含其他状态;一组是组合状态,组合状态包含子状态。在组合状态的嵌套状态图部分包含的就是此状态的子状态。

转换用带箭头的直线表示,箭头一端连接目标状态,即转入的状态,另一端连接源状态,即转出的状态。

起始状态用一个实心的圆表示。每一个状态图都应该有一个起始状态,此状态代表状态图的起始位置。起始状态在一个状态图中只允许有一个。

终止状态是模型元素的最后状态,用一个含有实心圆的空心圆表示。终止状态只能作为转换的目标,而不能作为转换的源。终止状态在一个状态图中可以有多个。

判定用空心小菱形表示。因为监护条件为布尔表达式,所以通常条件下的判定只有一个入转换和两个出转换。

6.2.2 状态

状态是指在对象的生命期中满足某些条件、执行某些活动或等待某些事件时的一个条件或状况。

事实上,类对象的任何一个属性值都是一个状态,全部的状态构成一个庞大的状态空间。但是,并非状态空间的每一个状态都是值得关注的,状态图中的状态一般是给定类对象中的一组属性值。这组属性值是所有属性的子集。在对系统建模时,只关心那些明显影响对象行为的属性。

例如,对于一个"手机"对象,其属性可能有"型号""使用情况""性能状况""使用年限""电池寿命"等。但在对"手机"对象建模时,列出对象的全部状态并绘制状态图是不现实的。所以建模时只需考虑与对象当前行为有关的属性建立状态即可。在对"手机"对象建模时,也许关心的只是手机的当前使用状况,如关机、开机、充电、通话等。可以根据手机使用的几种情况建立状态图,可以建立"开机""关机""充电""通话"等几种状态。

状态分为简单状态和组成状态,状态包括状态名、活动、入口动作和出口动作等。

1. 状态名

在 6.2.1 节已经提到过,一个状态需要一个状态名以识别不同的状态,虽然状态名可以匿名,但是为方便起见,最好为状态取一个以字符串构成的名字。状态名通常放在状态图标的顶部,最好以一个 ing 结尾的动名词命名。

2. 入口动作与出口动作

在许多建模情况下,每当进入一个状态时,不管因为什么转换进入,都是想要执行同一个动作。同样地,当离开一个时,不管因为什么转换离开,也都是想执行同一个动作。

UML 中为这种惯用法提供了简洁的表示。入口动作和出口动作表示进入或退出某个状态所要执行的动作。入口动作用"entry/要执行的动作"表达,而出口动作用"exit/要执行的动作"表达,do 表示该状态执行的动作,如图 6-3、图 6-4 所示。

3. 简单状态

简单状态是指不包含其他状态的状态。简单状态没有子结构,但它可以具有内部转换、进入动作和退出动作等。

图 6-3　入口和出口动作表示

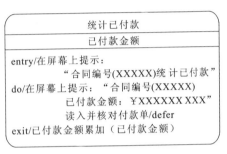

图 6-4　动作示例

4. 顺序子状态

在 UML 中,子状态能够帮助简化复杂的建模行为。子状态是嵌套在另一个状态中的状态,简单状态是没有子结构的状态。一个含有子状态(即嵌套状态)的状态称做组合状态。组合状态包括顺序子状态和并发子状态。在 UML 中,表示组合状态就像表示一个简单的状态,但还要用一个可选的图形框来显示一个嵌套状态机。子状态可以嵌套到任何状态上。

如果一个组成状态的子状态对应的对象在其生命期内的任何时刻都只能处于一个子状态,即多个子状态之间是互斥的,不能同时存在,这种子状态称为顺序子状态。

当状态机通过转换从某个状态转入组成状态时,此转化的目的可能是这个组成状态本身,也可能是这个组成状体的子状态。如果是组成状态本身,状态机所描述的对象首先执行组成状态的入口动作,然后子状态进入初始状态并以此为起点开始运行。如果此转换的目的是组成状态的某一子状态,那么先执行组成状态的入口动作,然后以目标子状态为起点开始运行。顺序子状态示例如图 6-5 所示。

5. 并发子状态

有时组合状态有两个或者多个并发的子状态机,此时称为并发子状态。

顺序子状态与并发子状态的区别在于后者在同一层次给出两个或多个顺序子状态,对象处于同一层次中来自每一个并发子状态的一个时序状态中。并发子状态示例如图 6-6 所示。

6. 历史状态

状态机描述对象的动态方面,该对象的当前行为依赖过去。从效果上看,一个状态机

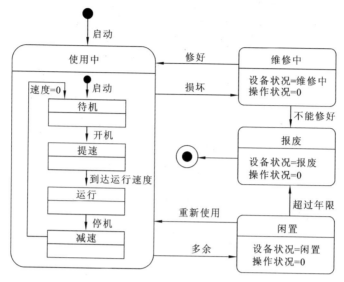

图 6-5　顺序子状态示例

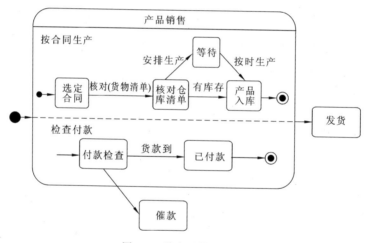

图 6-6　并发子状态示例

描述一个对象在它的生命周期中所经过的合法的状态序列。

　　除非特别说明,当一个转换进入一个组合状态时,嵌套状态机的动作就又处于它的初态。然而,在许多情况下,对一个对象建模,需要记住在离开组合状态之前最后活动的子状态。例如,在对一个网络进行计算机备份的代理的行为建模时,如果它突然中断,需要它记住是在该过程的什么地方中断的。

　　在 UML 中,对这种惯用法建模的一个比较简单的方法是使用历史状态。历史状态代表上次离开组成状态时的最后一个活动子状态,它用一个包含字母 H 的小圆圈表示。每当转换到组成状态的历史状态时,对象便恢复到上次离开该组成状态时的最后一个活动子状态,并执行入口动作。

　　如果安装软件时遇到异常情况中断,如内存不足,当继续安装时,希望继续从刚才中断的那个状态开始。带有历史指示器的软件安装过程状态图如图 6-7 所示。

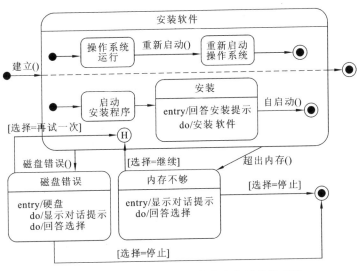

图 6-7　带有历史指示器的软件安装过程状态图

6.2.3　迁移

迁移是两个状态之间的一种关系,表示对象将在第一个状态中执行一定的动作,并在某个特定事件发生而某个特定条件满足时进入第二个状态。当状态发生这样的转变时,转变就称为激活。在转换激活之前,称对象处于源状态;激活后,就称对象处于目标状态。

迁移通常由 5 部分信息组成:源状态、目标状态、触发事件、监护条件和动作。

1. 源状态

源状态即受迁移影响的状态;如果一个对象处于源状态,当该对象接收到迁移的触发事件或满足监护条件(如果有)时,就会激活一个迁移。

2. 目标状态

目标状态,就是在迁移完成后活动的状态。

3. 触发事件

触发事件是引起迁移的事件。事件可以有参数,以供迁移的动作使用。状态机描述了对象具有事件驱动的动态行为,对象动作的执行、状态的改变都是以特定事件的发生为前提的,触发事件可以是信号、调用和时间段等。

4. 监护条件

迁移可能具有一个监护条件,监护条件是触发迁移必须满足的条件,它是一个布尔表达式。当事件被触发时,监护条件被赋值。如果布尔表达式的值为真,那么转换被触发;同样,如果布尔表达式的值为假,则不会引起转换。监护条件只能在触发事件发生时被赋值一次,如果在迁移发生后监护条件才由假变成真,那么迁移也不会被触发。

一个监护条件用一个方括号括起来的布尔表达式表示,放在触发事件的后面。

5. 动作

动作是一个可执行的原子计算,它可以直接作用于拥有状态机的对象,并间接作用于对该对象可见的其他对象。动作包括发送消息给另一个对象、操作调用、设置返回值、创建和销毁对象等。动作也可以是一个动作序列,即一系列简单动作的组合。

动作的执行时间非常短,与外界事件经历的时间相比是可以忽略的;动作又是原子的、不可中断的。因此,在动作的执行过程中不能再插入其他事件。整个系统可以在同一时间执行多个动作。动作在它的控制线程中是原子性的,一旦开始执行就必须执行到底并且不能与同时处于活动状态的动作发生交互作用。

6.2.4　引起状态迁移触发的事件

事件是发生在时间和空间上的一点的值得注意的事情。它在时间的一点上发生,没有持续时间。即事件表示在某一特定的时间或空间出现的能够引发状态改变的运动变化。事件是一个激励的出现,它定义一个触发子以触发对象改变其状态,任何影响对象的事物都可以是事件。当使用事件这个词时,通常是指一个事件的描述符号,就是对所有具有相同形式的独立发生事件的描述。一个事件的具体发生叫做事件的实例。事件可能用参数来辨别每个实例,就像类用属性来辨别每个对象。

事件有多种,大致可以分为入口事件、出口事件、动作事件、信号事件、调用事件、修改事件、时间事件、延迟事件等。

1. 入口事件

入口事件表示一个入口的动作序列,它在进入状态时执行。入口事件的动作是原子的,并且先于人和内部活动或转换。入口事件如图 6-8 所示。

图 6-8　入口事件

2. 出口事件

出口事件表示一个出口的动作序列,它在退出状态时执行。出口事件也是原子的,它跟在所有的内部活动之后,但是先于所有的出口转换。出口事件如图 6-9 所示。

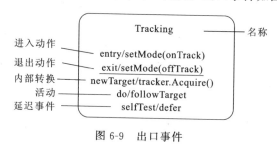

图 6-9　出口事件

3. 动作事件

动作事件表示一个嵌套状态机的调用,也称为"do 事件"。它表示内部的一个动作序列。与动作事件相关的活动必定引起嵌套状态机,而非引用包含它的对象的操作。动作事件如图 6-10 所示。

图 6-10　动作事件

4. 信号事件

信号是作为两个对象之间的通信媒介的命名的实体,信号的接收是信号接收对象的一个事件。发送对象明确地创建并初始化一个信号实例并把它发送到一个或一组对象。信号分为异步单路通信和双路通信。最基本的是异步单路通信,发送者不会等待接收者如何处理信号,而是独立地做它自己的工作。在双路通信模型中,要用到多路信号,即在每个方向上至少要有一个信号。发送者和接收者可以是同一个对象。

信号可以在类图中声明为类元,并用关键字≪signal≫表示,信号的参数声明为属性,同类元一样,信号间可以有泛化关系,信号还可以是其他信号的子信号,它们继承父信号的参数,并且可以触发依赖于父信号的转换。信号事件如图 6-11 所示。

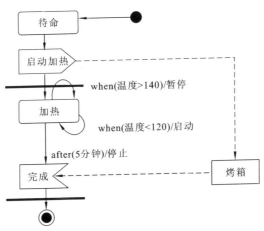

图 6-11　信号事件

5. 调用事件

调用事件是一个对象对调用的接收,这个对象用状态的转换而不是固定的处理过程实现操作。调用事件至少涉及两个以上的对象,一个对象请求调用另一个对象的操作。对于调用者,一旦调用的接收对象通过事件触发的转换完成了对调用事件的处理或调用失败,而没有进行任何状态转换,则控制返回到调用对象。不过,与普通调用不同,调用事件的接收者会继续它自己的执行过程,与调用者处于并行状态。

调用事件既可以是同步调用,也可以是异步调用。如果调用者需要等待操作的完成,则是同步调用,否则是异步调用。

6. 修改事件

修改事件依赖特定属性值的布尔表达式所表示的条件满足时,事件发生改变。这是等待特定条件被满足的一条声明途径,它表示了一种具有时间持续性并且可能涉及全局的计算过程。测试修改事件的代价可能很大,因为原则上修改事件是持续不断的。修改事件如图 6-12 所示。

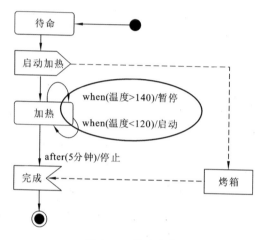

图 6-12　修改事件

监护条件和修改事件相似又有区别:监护条件只是在引起迁移的触发器事件触发时和事件接收者对事件进行处理时被赋值一次,修改事件则可以被多次赋值直到条件为真,多次赋值满足条件后迁移也会被激发。

7. 时间事件

时间事件代表时间的流逝。时间事件既可以指定为绝对形式(天数),也可以制定为相对形式(从某一指定时间开始所经历的时间)。时间事件可以描述一个通知信息,自进入状态以来某个时间期限已到,时间事件就会激发状态的改变。时间事件如图 6-13 所示。

8. 延迟事件

延迟事件是在本状态不处理,推迟到另一个状态才处理的事件。通常,在一个状态生存期出现的事件若不被立即响应就会丢失。但是,这些未必即触发转换的时间可以放在一个延迟事件队列中,等待需要时触发或者撤销。如果一个转换依赖一个存在于内部延迟事件队列中的事件,则事件立即触发转换;如果存在多个转换,则内部延迟时间队列中的第一个事件将有优先触发相应转换的权利。

例如,当 e-mail 程序正在发送第一封邮件时,用户下达发送第二封邮件的执行就会延迟,但第一封邮件发送完成后,这封邮件就会被发送,这种事件就属于延迟事件。延迟事件如图 6-14 所示。

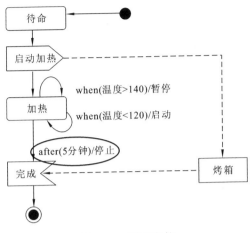

图 6-13　时间事件

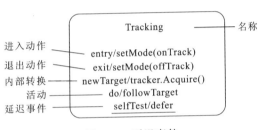

图 6-14　延迟事件

6.3　状态图的建模方法

在 UML 中,交互模型描述系统中的若干对象共同协作完成某一项工作,而状态图则为某个对象在其生命期间的各种状态建立模型。状态图适合描述一个对象穿越若干用例的行为,不适合描述多个对象的相互协作。建立状态图模型的基本步骤如下。

(1) 确定状态图描述的主体,可以是整个系统、一个用例、一个类或一个对象。

(2) 确定状态图描述的范围,明确起始状态和结束状态。

(3) 确定描述主体在其生存期的各种稳定状态,包括高层状态和各种子状态。

(4) 确定状态的序号,对这些稳定状态按其出现的先后顺序编写序号。

(5) 确定触发状态迁移的事件,该事件可以触发状态进行迁移。

(6) 附上必要的动作,把动作附加到相应的迁移线上或对应的状态框内。

(7) 简化状态图,利用嵌套状态、子状态、分支、分劈、接合和历史状态简化状态图。

(8) 确定状态的可实现性,每一个状态在事件的某些组合触发下都能达到。

(9) 确定无死锁状态,死锁状态是任何事件触发都不能引起迁移的状态。

(10) 审核状态图,保证状态图中所有事件都可以按设计要求触发并引起状态迁移。

要记住的是,每一个状态图只是反映系统动态模型的某一个侧面,没有任何一个状态图可以单独描述出系统的全貌。

6.4　活动图

活动图是活动视图的表示法。它主要用于对计算流程和工作流程建模。活动图中的状态表示计算过程中所处的各种状态,而不是普通对象的状态。

活动图包含活动状态。活动状态表示过程中命令的执行或工作流程中活动的进行。与等待一个事件发生的一般等待状态不同,活动状态等待计算处理工作的完成。当活动完成时,执行流程转入活动图的下一个活动状态。当一个活动的前导活动完成时,活动图中的完成转换被激活。活动状态通常没有明确表示出引起活动转换的事件,当转换出现闭包循环时,活动状态会异常终止。

活动图不仅能够表达顺序流程控制还能够表达并发流程控制,如果排除了这一点,活动图很像一个传统的流程图。

活动图可看做状态图的特殊形式,在 UML 中,它包括一些方便的速记符号。活动图中的活动状态表示为带有圆形边线的矩形框,它含有活动的描述(普通的状态盒为直边圆角)。简单的完成转换用箭头表示。分支表示转换的监护条件或具有多标记出口箭头的菱形。控制的分叉和结合与状态图中的表示法相同。如图 6-15 展示了一个简单的活动图。

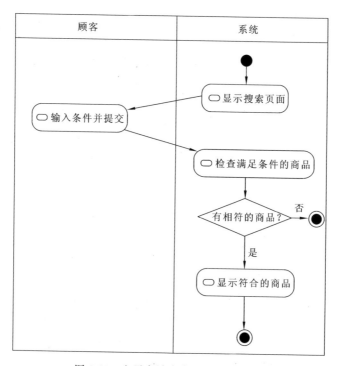

图 6-15　电子商城中商品检索活动图

6.5　活动图的基本描述图符

在运行的系统中,各种对象时刻都处于某种活动状态中,就是这些活动状态完成了某些特定的功能要求。各种活动和引发这些活动的迁移组成一个完整的活动图。在 UML 中,描述一个活动图的图符元素有活动、迁移、起始活动、结束活动、条件判定、并发活动等。

1. 活动

活动是真实世界的一个动作处理、一组动作程序。它表示的是某流程中任务的执行,它还可以表示某算法过程中语句的执行。在活动图中需要区分活动状态和动作状态这两个概念,该区分将会在后面给予详细介绍。

在 UML 中,活动图符用一个两边为弧形的矩形框表示,如图 6-16 所示。

2. 迁移

活动图中的迁移是无条件的,一个活动结束后就自动进入下一个活动。

在 UML 中,迁移用带箭头的实线表示,箭尾连接出发活动(源活动),箭头连接到达活动(目标活动)。活动图中的迁移图符如图 6-17 所示。

图 6-16　活动图符　　　　　　图 6-17　活动图中的迁移图符

当一个动作或活动完成时到下一个活动的转换有成立条件的控制,以一个箭头旁注明的[成立条件]来表示,称为有条件的迁移,如图 6-18 所示。

图 6-18　有条件的迁移

3. 起始活动

起始活动代表活动图的开始活动,它本身无活动,是活动图的起始点。起始活动是迁移的开始源点,不是迁移的目标。

在 UML 活动图中,起始活动用一个实心圆表示,起始活动图符如图 6-19 所示。

4. 结束活动

结束活动代表活动图的最后活动,本身无活动,是活动图的终止点。结束活动是迁移的最后目标,不是迁移的源。

在 UML 活动图中,结束活动用一个圆形中套一个实心圆表示,结束活动图符如图 6-20 所示。

图 6-19　起始活动图符　　　　图 6-20　结束活动图符

5. 条件判定

活动图中的条件判定和程序设计语言中的条件分支类似。条件判定是一个转折点，活动迁移按照满足条件的方向进行。

在 UML 活动图中，条件判定符用空心菱形表示，条件判定通常为一个入迁移，多个出迁移。条件是一个逻辑表达式，活动迁移沿判定条件为真的分支迁移。

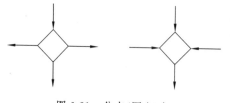

图 6-21   分支(图左)与
合并(图右)的图符表示

其中，分支用于表达当转换发生时，有多个选择路径，但仅能依条件选择其中一个路径来执行。分支的表达符号是一个菱形，外加一条流入菱形的箭头与多条流出菱形的箭头。合并用于表达有多个路径汇聚于某点，之后再往下一个路径执行。合并的表达符号与分支相似，是以一菱形外加多条流入菱形的箭头与一条流出菱形的箭头表示，如图 6-21 所示。

因此，可知道在活动图中判定有两种表示方式，如图 6-22 所示。

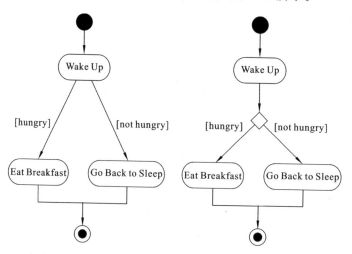

图 6-22   判定的两种表示方式

6. 并发活动

并发活动描述了活动的同步工作状态。并发活动分为分劈和接合两种图符(如图 6-23 所示)。其中，分劈用于表达当转换发生后，有两个或两个以上平行活动发生的情况。分劈的表达符号是一横向黑实线条，外加一条流入的垂直箭头与多条流出的垂直箭头。接合用于表达平行活动结束的情况，表达符号与分劈类似，是

图 6-23   分劈(图左)和结合
(图右)的图符表示

一横向黑实线条，外加多条流入的垂直箭头与一条流出的垂直箭头。

6.6　活动图的一些基本概念

6.6.1　动作状态

用活动图建模的控制流中,会发生一些事情。可能要对一个设置属性值或返回一些值的表达式求值。也可能要调用对象上的操作,发送一个信号给对象,甚至创建或撤销对象。这些可执行的原子计算称为动作状态,因为它们是该系统的状态,每个原子计算都代表一个动作的执行。

动作状态不能分解。而且,动作状态是原子的,即事件可以发生,但动作状态的工作不能中断。最后,动作状态的工作占用的时间一般看做可忽略的。在 UML 中,动作状态使用平滑的圆角矩形表示,动作状态表示的动作写在圆角矩形内部,如图 6-24 所示。

图 6-24　动作状态的表示

动作状态的特点为以下几点。

(1) 动作状态是原子的,它是构造活动图的最小单位,已经无法分解为更小的部分。

(2) 动作状态是不可中断的,它一旦开始运行就不能中断,一直运行到结束。不能有入口动作、出口动作和内部迁移。

(3) 动作状态是瞬时的行为,它所占用的处理时间极短,有时甚至可以忽略。

(4) 动作状态的入迁移是动作流或对象流。

(5) 如果画泳道,动作状态必须在指定的泳道内。动作状态必须指定在单泳道内,指明负责该泳道的对象运行该活动的动作。

6.6.2　活动状态

与动作状态的不可分解相比,活动状态是可进一步分解的。活动状态用于表达状态机中的非原子的运行。活动状态的特点如下。

(1) 活动状态可以分解成其他子活动或动作状态,且通常需要持续一段时间才能完成。由于它是一组不可中断的动作或操作的组合,所以可被中断。

(2) 活动状态的内部活动可以用另一个活动图表示。

(3) 也可以说,一个活动状态是由一系列动作状态组成。活动状态的图符中可以只标明活动名称,也可以详细描述其入口动作和出口动作等。

(4) 动作状态是活动状态的一个特例,如果某个活动状态只包括一个动作,那么它就是一个动作状态。

(5) 活动状态中可以有入口动作、出口动作和内部迁移,和动作状态不同。

6.6.3　动作流

一个活动图有很多动作或者活动状态,活动图通常开始于初始状态,然后自动转换到活动图的第一个动作状态,一旦该状态的动作完成,控制就会不加延迟地转换到下一个动作状态或者活动状态(如图 6-25 所示)。转换不断重复进行,直到碰到一个分支或者终止状态。所有动作状态之间的转换流称为动作流。

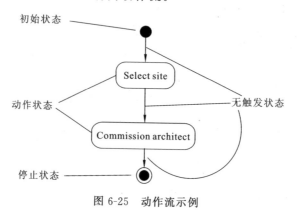

图 6-25　动作流示例

6.6.4　分支与合并

动作流一般会自动进行控制转换,直到遇到分支。分支在软件系统流程中很常见,它一般用于表示对象类所具有的条件行为。一个无条件的动作流可以在一个动作状态的动作完成后自动触发动作状态转换以激发下一个动作状态,而有条件的动作流需要根据条件,也就是布尔表达式的真假来判定动作的流向。条件行为用分支和合并表达。

其中,一个分支有一个入转换和多个带条件的出转换,出转换的条件应当是互斥的,这样可以保证只有一条出转换能够被触发;一个合并有多个带条件的入转换和一个出转换,合并表示从对应的分支开始的条件行为的结束。活动图中的分支与合并如图 6-26 所示。

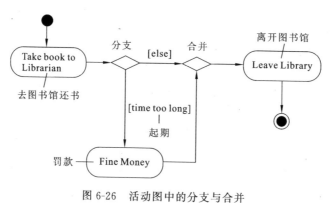

图 6-26　活动图中的分支与合并

6.6.5　分叉与汇合

简单的和具有分叉的顺序转换是活动图中最常见的路径。然而,当对业务过程的工作流建模时,可能会遇到并发流。一个分叉表示把一个单独的控制流分成两个或更多的控制流。一个分叉可以有一个进入转换和两个或更多的离去转换,每一个转换表示一个独立的控制流。在这个分叉之下,每一个路径相关的活动将并行地继续。

　　而一个汇合表示两个或更多的并发控制流的同步发生。一个汇合可以有两个或多个进入转换和一个离去转换。在该汇合上,与每一个路径相关联的活动并行地执行。在汇合处,并行的流取得同步,这意味着所有的都等待着,直到所有进入流都到达这个汇合处。然后,在这个汇合的下面,只有一个控制流从这一点继续执行。分叉和汇合必须成双配对使用,必须个数一致。

　　值得注意的是,在活动图中,经过同步杆"分劈"后分为几个线程,可能其中的某一线程只有在满足特定条件的情况下才能执行。此时,没有满足条件的线程可以不执行,只要其他几个线程执行完毕,就可以经过同步杆"接合"为一个新线程。"分劈"后附加条件的线程为条件线程,在执行时,该线程的条件为"假",对于同步"接合",认为该线程已经执行完毕。分叉与汇合如图 6-27 所示。

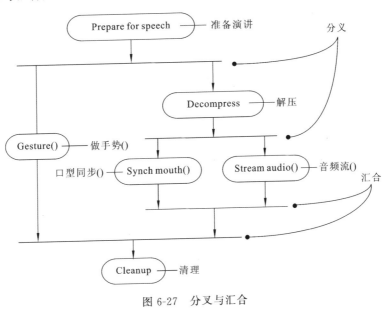

图 6-27　分叉与汇合

6.6.6　泳道

　　泳道代表对象对活动的责任,是活动图中的区域划分。根据每个活动的职责对所有活动进行划分,每个泳道代表一个责任区。泳道和类并不是一一对应的关系,泳道关心的是其所代表的职责,一个泳道可能由一个类实现,也可能由多个类实现。

　　泳道是把指定对象和活动相联系的办法之一。每个泳道都有唯一的名字。通常根据责任把活动组织到不同的泳道中,它明确表明动作在哪里执行,或者表明一个组织的哪部分工作(一个动作)被执行。

　　在泳道应用中需注意的是:一张活动图可划分为若干个矩形区,每个矩形区为一个泳道,泳道名放在矩形区的顶端,如图 6-28 所示;把这些泳道指定给对象,该对象负责泳道内的全部活动,泳道是把指定对象和活动相联系的办法之一,它明确表明哪些对象进行了哪些活动；通常根据责任把活动组织到不同的泳道中，它能清楚地表明动作在哪里（在哪个对象中）执行，或者表明一个组织的哪部分工作（一个动作）被执行；每个活动只能明确地属于一个泳道；泳道没有顺序，不同泳道中的活动既可以顺序进行也可以并发进行，动作流和对象流允许穿越分割线，如图 6-29 所示。

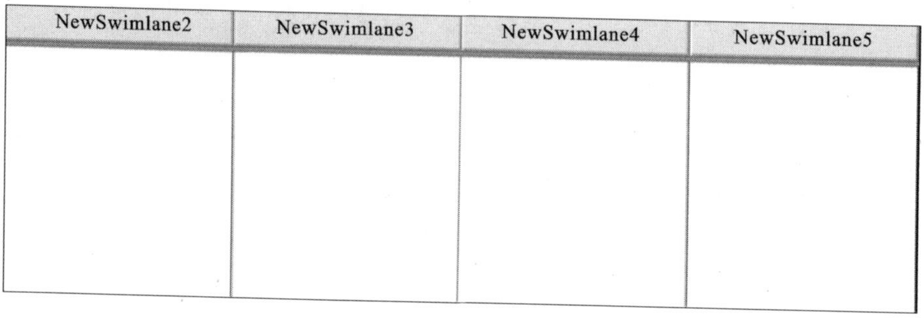

NewSwimlane2	NewSwimlane3	NewSwimlane4	NewSwimlane5

图 6-28　泳道的图符表示

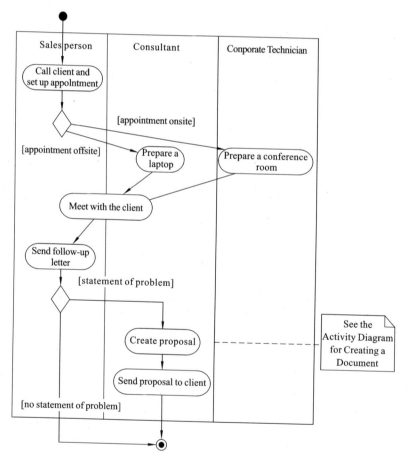

图 6-29　泳道示例

6.6.7　对象流

在活动图中可以出现对象。对象可以作为活动的输入或输出。活动图中的对象流表示活动和对象之间的依赖关系，表示动作使用对象或者动作对对象的影响。

在活动图中对象流用带箭头的虚线表示。如果箭头从动作状态指向对象，则表示动作对对象施加了一定的影响。施加的影响包括创建、修改和撤销等。如果箭头从对象指向动作状态，则表示该动作使用对象流所指向的对象。状态图中的对象用矩形表示，矩形内是该对象的名称，名称下的方括号表明对象此时的状态，如图 6-30 所示。此外，还可以在对象名称的下面加一个分隔栏表示对象的属性值。

对象流中的对象特点如下。

（1）一个对象可以由多个动作操纵。

（2）一个动作输出的对象可以作为另一个动作输入的对象。

（3）在活动图中，同一个对象可以多次出现，它的每一次出现表明该对象正处于对象生存期的不同时间点。

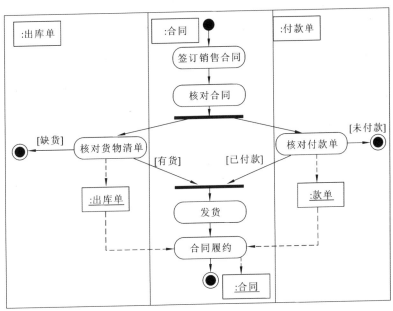

图 6-30　活动图中的对象及对象流

6.7　活动图的建模方法

在系统建模的过程中，活动图能够附加到任何建模元素中以描述其行为。活动图的建模步骤和状态图一样，通常来说，活动图的建模步骤如下。

（1）识别要对工作流描述的类或对象。找出负责工作流实现的业务对象，这些对象可以是显示业务领域的实体，也可以是一种抽象的概念和事物。找出业务对象的目的是为每一个重要的业务对象建立泳道。

（2）确定工作流的初始状态和终止状态，明确工作流的边界。

（3）对动作状态或活动状态建模。找出随时间发生的动作和活动，将它们表示为动作状态或活动状态。

（4）对动作流建模。对动作流建模时可以首先处理顺序动作，接着处理分支与合并等条件行为，然后处理分叉与汇合等并发行为。

（5）对对象流建模。找出与工作流相关的重要对象，并将其连接到相应的动作状态和活动状态。

（6）对建立的模型进行净化和细化。

在对活动图进行建模时，可参考下列原则。

（1）从使用个案描述或类的操作描述中，找出相关的活动与转换。

（2）从左至右，从上至下。由活动图的上方或左上方以「开始」起，接着按照元素的操作、行为或系统的作业流程等活动发生的顺序输出活动及其之间的转换，而在活动之后以「结束」表达。

（3）遇到有平行处理或多线程并发的活动时以分岔描述，此时在分岔之前会有一个进入转换，在分岔之后会有数个离开转换。

（4）有分岔就必须有结合，在所有分岔出去的平行处理的活动都执行完毕后需要进行结合。此时在结合之前会有数个进入转换，在结合之后会有一个离开转换。

（5）遇到数个有［成立条件］，择一执行后续活动的情形以分支来表达，此时在分支之前会有一个进入转换，在分支之后会有数个具有互斥条件的离开转换。

（6）合并用来描述以分支为开端的条件式活动的结束，此时在合并之前会有数个输入转换，在合并之后会有一个输出转换。

（7）可以用泳道责任区方式表达哪些活动是由谁、哪个部门、类别或元件负责，并将这些活动放置于同一「水道」内。

本节以西子湾公司订购系统为例，依上述步骤进行作业行为建模。西子湾公司订购系统案例的整体作业流程如下。

（1）客户在网站上浏览书籍产品型录，并点预选购买的书籍进行新增订购项目的动作。

（2）未进行下一个动作之前可重复新增订购项目的动作继续订购书籍。

（3）新增订购项目结束后，客户先决定下一个步骤。若要结束订购进行结账则进入确认采购订单；若要继续订购书籍则进入新增订购项目，如果订购项目全数删除则进入取消采购订单。执行取消采购订单动作时，系统结束线上订购的工作。

（4）确认采购订单完成后则结束线上订购的工作。

以其中新增订购项目为例，新增订购项目使用个案流程如下。

（1）找出活动。依据新增订购项目使用个案的描述，分析有哪些活动、转换、执行程序与参与的实体等。结果得知共有显示细部说明、新增订购项目、设定订购数量、计算购物车总金额等四个活动。

（2）找出实体（泳道）。其中有客户、书籍产品型录、购物车等三个实体参与。客户为起始者,显示细部说明的活动属于书籍产品型录,而其他活动属于购物车。

（3）绘制新增订购项目使用个案的活动图如图 6-31 所示。

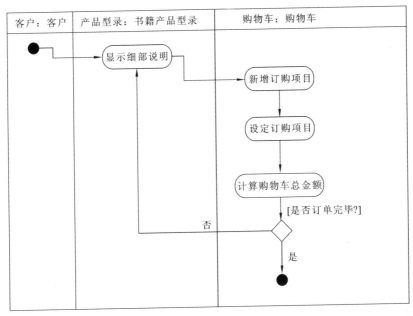

图 6-31　新增订购项目使用个案的活动图

6.8　状态图和活动图的比较

状态图和活动图都用于对系统的动态行为建模,两者很相似,但也有区别。

两者的相似点主要体现在以下几方面。

（1）描述图符基本一样。在对状态图和活动图的图符介绍中可以很清楚地看到这点。

（2）可以描述一个系统或对象在生存期间的状态或行为。状态图用来描述一个对象在生存期的行为、所经历的状态序列、引起状态转移的事件和因状态转移而引起的动作;活动图用来描述一个系统或多个对象完成一个操作所需的活动。

（3）可以描述一个系统或对象在多进程操作中的同步与异步操作的并发行为。在对活动图和状态图的学习中已经知道,两种图中都有用于描述多进程中的同步与异步操作的分劈与接合图符。

状态图和活动图的区别在于以下几点。

（1）两者描述的重点不同。状态图描述的是对象的状态和状态之间的转移,而活动图描述的是从活动到活动的控制流。

（2）两者使用的场合不同。如果是为了显示一个对象在其生命周期内的行为,则使用状态图较好;如果是为了分析用例,或理解涉及多个用例的工作流程,或处理多线程应用等,则使用活动图较好。如果要显示多个对象之间的交互情况,用状态图或活动图都不适合,要用前面介绍的顺序图或协作图进行描述。

6.9　本章小结

在 UML 中,动态模型包括交互模型和状态模型。本章主要介绍了动态模型中的状态模型。状态模型包括活动图和状态图。活动图显示的是从活动图到活动的控制流,而状态图显示的是从状态到状态的控制流。

在 UML 中,状态图主要用于表现从一个状态到另一个状态的控制流,描述一个类对象所有可能的生命历程。一个状态图显示了一个状态机,而一个状态机是一个行为,它说明对象在它的生命期中响应事件所经历的状态序列和它们对那些事件的响应。

组成 UML 的图形元素有状态、转换、初始状态、终止状态和判定等。其中,状态可以分为简单状态和组成状态。一个含有子状态的状态称做组合状态。组合状态包括顺序子状态和并发子状态。接着介绍了组成状态之间转换的 5 部分基本信息:源状态、目标状态、触发事件、监护条件和动作。

活动图是活动视图的表示法,它主要用于对计算流程和工作流程建模。活动图不仅能够表达顺序流程控制还能够表达并发流程控制。在 UML 中,一个活动图的描述需要的图符元素有活动、迁移、起始活动、结束活动、条件判定、并发活动等。活动图除了可以描述系统的动态行为,还可以在需求阶段描述用例。

活动图和状态图类似,但是活动图与状态图也有所不同,在活动图中,当活动状态中的活动完成时迁移就会被触发,状态图中,状态之间的迁移依靠事件触发。本章最后总结了活动图和状态图之间的异同点。

6.10　习题 6

1. 填空题

(1) 一个活动是状态机中进行的_____执行。一个动作是一个引起模型状态改变或值的返回的可执行的_____计算。

(2) 一个状态图表示一个状态机,主要用于表现从一个状态到另一个状态的_____。

(3) 动作状态是_____的,即事件可以发生,但动作状态的工作不能中断。

(4) 一个转化是两个状态之间的一种关系,表示对象在某个特定事件发生时从第一个状态进入第二个状态。当状态发生这样的转变时,转变就称为_____。在转换激活之前,称对象处于_____;激活后,就称对象处于_____。

(5) 转换通常由 5 部分信息组成:源状态、目标状态、_____、_____和_____。

2. 名词解释

(1) 状态机

(2) 触发事件

（3）动作流

（4）泳道

3. 简答题

（1）在分析与设计阶段，状态图和活动图的主要用途是什么？

（2）简述分支与合并、分劈与接合的图符表示。

（3）活动图的状态迁移是由什么引发的？

（4）简述在活动图中动作状态和活动状态的区别。

（5）在活动图中，什么是活动流和对象流？

（6）简述状态图和活动图的建模过程和应遵循的原则。

（7）试画出航班机票预订系统状态图。

对于系统，包括的状态主要有：在刚确认飞机计划时，是没有任何预订的，并且在有人预订机票之前都将处于这种"无预订"状态；对于订座有"部分预订""预订完"两种状态；而当航班快要起飞时，显然要"预订关闭"。

（8）试画出 ATM 取款机的取款活动图，要求使用泳道。

（9）请画出上演一个剧目所要进行活动的活动图（凭着看戏的经验来描述其活动图）。

提示：在规划进度前，首先要选择演出的剧目，安排好整个剧目的进度后，可以进行宣传报道、购买剧本、雇用演员、准备道具、设计照明、加工戏服等，在进行彩排之前，剧本和演员必须已经具备，彩排之后……

第7章　系统体系结构建模

软件都有体系结构,不存在没有体系结构的软件。体系结构(architecture)一词在英文里就是"建筑"的意思。把软件比喻为一座楼房,从整体上讲,是因为它有基础、主体和装饰,即操作系统之上的基础设施软件、实现计算逻辑的主体应用程序、方便使用的用户界面程序。

图 7-1　体系结构

可以做个简单的比喻,结构化程序设计时代是以砖、瓦、灰、沙、石、预制梁、柱、屋面板盖平房和小楼,而面向对象时代以整面墙、整间房、一层楼梯的预制件盖高楼大厦。构件怎样搭配才合理? 体系结构怎样构造容易? 重要构件有了更改后,如何保证整栋高楼不倒? 每种应用领域(医院、工厂、旅馆)需要什么构件? 有哪些实用、美观、强度、造价合理的构件骨架使建造出来的建筑(即体系结构)更能满足用户的需求? 如同土木工程进入现代建筑学,软件也从传统的软件工程进入现代面向对象的软件工程,研究整个软件系统的体系结构,寻求建构最快、成本最低、质量最好的构造过程。

7.1　系统体系结构模型

在面向对象的系统分析与设计中都涉及系统体系结构模型。在系统分析阶段建立的软硬件系统体系结构模型只是一个粗略的框架,而在系统设计阶段要对已经建立起来的系统体系结构模型进一步细化、充实、完善,以便得到最终的软硬件系统体系结构模型。

在软件建模的过程中,使用用例图可以推断系统希望的行为;使用类图可以描述系统中的词汇;使用顺序图、协作图、状态图和活动图可以说明这些词汇中的事物如何相互作用以完成某些行为。在完成系统的逻辑设计之后,下一步要定义设计的物理实现,如可执行文件、库、表、文件和文档等如何相互连接以实现可执行软件。重点从物理方面对软件系统进行建模,对面向对象系统的物理方面进行建模时要用到两种图:构件图和部署图。

构件图描述系统中的不同物理构件及其相互之间的联系,表达系统代码本身的结构。部署图由节点构成,节点代表系统的硬件,构件在节点上驻留并执行。部署图描述系统软件构件与硬件之间的关系,它表达的是运行时的系统结构。

7.2　构件图

软件系统体系结构模型是系统的逻辑体系结构模型。软件系统体系结构把系统的各种功能分配到系统的不同组织部分,并详细地描述各个组织部分之间是如何协调工作来实现这些功能的。

（1）Mary Shaw 和 David Garlan 认为软件体系结构是软件设计过程中的一个层次,这一层次超越计算过程中的算法设计和数据结构设计。

（2）Dewayne Perry 和 Alex Wolf 曾这样定义:软件体系结构是具有一定形式的结构化元素,即构件的集合,包括处理构件、数据构件和连接构件。

（3）Hayes Roth 则认为软件体系结构是一个抽象的系统规范,主要包括用其行为来描述的功能构件和构件之间的相互连接、接口和关系。

本书对于软件体系结构的范畴限定在定义（2）和定义（3）,是一个系统规范,描述了构件和构件之间的相互连接、接口和关系。

构件图描述构件及其之间的依赖关系,构件是逻辑体系结构——类、对象和它们间的关系和协作中定义的概念和功能在物理体系结构中的实现。构件图是对面向对象系统的物理方面进行建模时要用到的两种图之一。

7.2.1　构件和接口

1. 构件

基于构件的开发和面向对象的开发是一起发展的,面向对象的技术是创建构件的基础。一个构件表示需要执行的原型功能,它是一个结构化的类,表示了一个模块化系统封装的一部分内容。

　　1)构件的图形表示

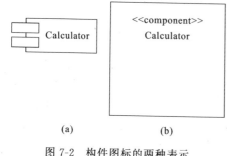

图 7-2　构件图标的两种表示

　　在 UML 中,构件用一个左侧带有两个突出小矩形的矩形来表示(如图 7-2(a)所示)。很多建模者感觉这样的图标太烦琐,尤其是当他们需要绘制一个到左侧的连接的时候。因此又有了表示构件的新图标出现,即在矩形的顶部加上关键字 ≪ component ≫(如图7-2(b)图所示)。

　　2)创建构件

　　接下来介绍如何真正建立一个构件。这里有几个基本原则可以遵循。图 7-3 描述了一个学生 UML 构件框架的设计。

　　(1)简化接口和端口的关系为一对一关系。。这可以清晰地显示构件端口和构件内部之间的关系。

　　(2)端口和构件内部类之间的关系建模有三种不同的方式:原型代理关系,委托关系和实现关系。委托关系用一条带有开放的箭头的实线表示;实现关系用一条带有封闭箭头的虚线表示。例如:Administration Facde 实现了包含 studant Administration 接口的端口。

　　(3)Data 和 Security 类使用相同的名称作为相应的端口。

　　(4)AdministrationFacade,ScheduleFacade,StudentData,Data 和 Security 类实施外观设计模式。基本思想就是它们实现了所需的公共操作。AdministrationFacade ScheduleFacade 联合实现 Student 组件。StudentDate 包装起来不能直接建立与外部物理组件之间的关系。

　　(5)当设计 StudentData 类时团队意识到它需要使用现有的 XMLProcessor 构件,因此添加连接到该构件。

2. 接口

在前面已经对接口进行了介绍,本节主要介绍接口在构件图中的使用。

一个构件可以定义对其他构件可见的接口。接口可以是源代码级(如 Java)定义的接口,或者是运行时使用的二进制接口。构件之间的依赖通过指向所使用的构件接口来表示。接口是用来描述一个构件能提供服务的操作的集合,这里的操作指的是只提供操作名称而没有具体实现的操作。

构件的接口分为两种:输出接口和输入接口。其中,输入接口供访问操作的构件使用,输出接口由提供操作的构件提供。一个构件既可以输出接口又输入接口。一个给定的接口,可以被一个构件输出,也可以被另一个构件输入,接口位于两个构件中间,使构件具有很好的封装性。一个构件可以有多个接口。

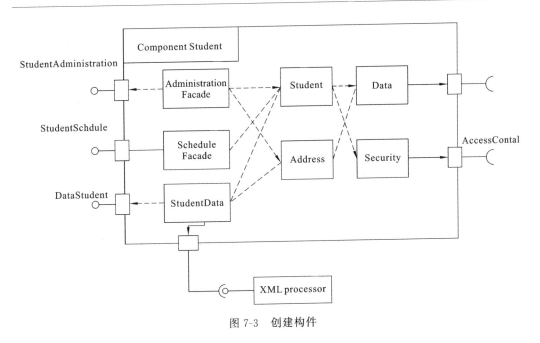

图 7-3 创建构件

在 UML 中,接口的图符模型元素分为短式和长式两种表示方法,短式用一个圆形图符表示,旁边可以标明接口的名称(如图 7-4(a)所示)。长式用一个在名称的上方标明构造型≪interface≫的矩形类框表示,还可以在矩形类框中描述接口的操作。实现接口的构件用完整的实现关系连接到接口上,而通过接口访问其他构件服务的构件都采用依赖关系连接到接口上(如图 7-4(b)所示)。

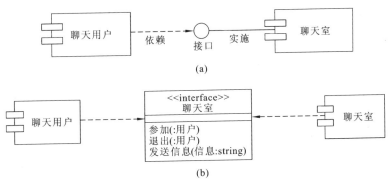

图 7-4 构件与接口的连接关系

7.2.2 构件图

构件图显示一组构件之间的组织和依赖关系,构件图中通常包含 3 种元素:构件、接口和依赖关系。在 UML 中,构件图属于系统构件视图。构件图是点和弧的集合,构件图在内容上通常包括构件、接口和构件之间的关系。构件之间的关系包括依赖、泛化、关联和实现,与其他图类似,这些关系不再在本节详细介绍。并且,构件图中可以包含注释和约束,也可以包含包或子系统,它们都可以将系统中的模型元素组织成较大的构件。当需要可视化一个基于构件的实例时,需要在构件图中加入一个实例。

1. 构件的图符表示

在 UML 中,软件构件是由一个矩形方框和嵌在左边方框上的两个小矩形框组成的。每一个构件必有一个有别于其他构件的名称,名称是一个字符串。只有单独一个名称的称为简单名,在简单名前加上构件所在包的名称叫做路径名。构件中可以包含类,类可以有实例。同样,构件也可以有实例。

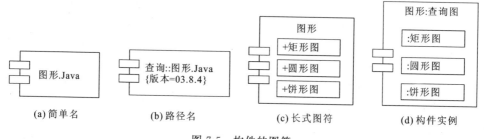

(a) 简单名　　　　(b) 路径名　　　　(c) 长式图符　　　　(d) 构件实例

图 7-5　构件的图符

2. 构件的接口表示法

构件的接口表示有两种表示方法。

一种是将接口用一个矩形表示,矩形中包含了与接口有关的信息。接口与实现接口的构件之间用一条带空心三角形箭头的虚线连接,箭头指向接口,接口 1 表示法如图 7-6 所示。

另外一种表示法更简单:可以用一个小圆圈代表接口,用实线和构件连接起来。这里,实线代表的是实现关系,接口 2 表示法如图 7-7 所示。

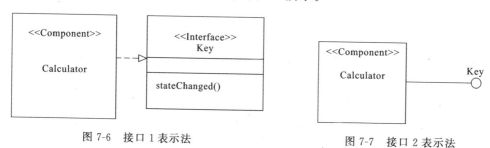

图 7-6　接口 1 表示法　　　　　　图 7-7　接口 2 表示法

除了实现关系,还可以在图中表示出依赖关系——构件和它用来访问其他构件的接口之间的关系。7.2.1 节已经提到,依赖关系用一个带箭头的虚线表示。可以在一张图中同时表示出实现和依赖关系,如图 7-8 所示。这里的“球窝”符号中“球”代表了提供的接口,“窝”代表了所需的接口。

3. 黑盒与白盒

当像图 7-4(b)对一个构件的接口建模的时候,所展示的就是 UML 的外部视图,或者叫做“黑盒”视图。还可以选择用另一种内部视图,也叫做“白盒”视图。这个视图在构件

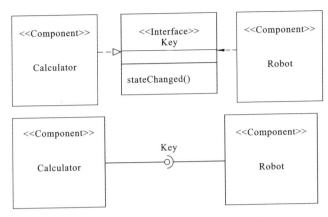

图 7-8　实现和依赖在一张图中的表示

中列出了接口,并用关键字对它们进行分组。白盒
视图如图 7-9 所示。

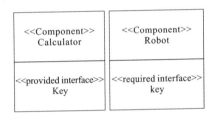

图 7-9　白盒视图

4. 软件构件的特点

软件构件的特点如下。

(1) 接口在构件中扮演着一个重要角色,接口用来描述一个构件能提供服务的操作的集合。接口位于两个构件中间,隔断了它们之间的依赖关系,大大提升了构件的封装性。对于一个给定的接口,它既可以被一个构件输出,也可以被另一个构件输入。一个构件可以既输出接口又输入接口。

(2) 构件通过消息传递方式进行操作,每个操作由输入/输出变量、前置条件和后置条件决定。

(3) 构件在配置环境的相容性上满足内外两方面:在内部构件提供一组其配置环境需要的操作,达到亲合的目的;在外部利用配置环境提供的某组操作,可降低构件的复杂程度。

(4) 能与同环境下的其他构件进行交互,即可以调用其他构件和被其他构件发现和使用。

5. 构件图的建模步骤

构件图一般用于对面向对象系统的物理方面建模,建模的时候要找出系统中存在的构件、接口和构件之间的依赖关系。大致的步骤如下。

(1) 确定构件。按以下几方面分析系统,从中寻找和确定构件:系统组成结构、软件复用、物理节点配置、系统归并、为每个构件找出并确定相关的对象类和各种接口等。

(2) 说明构件。利用适当的构造型说明构件的性质。

(3) 对组件之间的依赖关系建模。

(4) 对于复杂的大系统,采用包的形式组织构件,形成清晰的结构层次图。

(5) 对建模的结果进行精化和细化。

6. 建模方法和技巧

在 UML 中对一个系统的构件和构件图进行建模就是在物理结构上建模。每个构件图只是系统静态视图的某一个图形表示,描述系统的某一个侧面。即任何一个构件图都不能对整个系统的每个面貌都描述到,若想达到这样的效果,就要将系统中所有的构件图结合起来才能进行完整地描述。

一个结构良好的构件图应具备的特点:侧重描述系统静态视图的某一侧面;只包含那些与描述该侧面内容有关的模型元素;提供与抽象层次一致的描述,只显示有助于理解该构件图的必要的修饰;图形不要过于简化,以防产生误解。

构件图由构件、接口和构件之间的联系组成。它描述了系统代码本身的结构,展示了系统中的不同物理部件及其之间的关系。绘制一个构件图时应注意的问题:为构件图标识一个能准确表达其意义的名字;摆好各个构件的位置,尽量避免连接线的交叉;语义相近的模型元素尽量靠近;用注释和颜色提示重点部位;采用尽量少的图符标记描述构件图,保持所有构件图风格一致。

7.2.3　工件

1. 工件的概念

逻辑视图和物理视图都是必要的。例如,要建一个成本很低、风险很小的建筑时,可以不用事先做逻辑模型;但是如果目标是一个需要持久时间、成本很高的建筑时,那么就很有必要构建逻辑和物理模型来降低风险。

在 UML 中,所有这些物理建模就是工件(artifact)。在许多操作系统和编程语言软件中涉及工件的概念,如对象库、可执行文件、网络构件等都是可用工件在 UML 中表示的例子。工件不仅可以用来模拟这类东西,也可以用来表示其他参与执行系统的事物,如表、文件和文档等。

工件是代表一些物理实体的分类器,是比特世界中的物理抽象,驻留在节点上。一般来说,工件用在部署图中,但是也可以用在构件图中展示建模元素。

2. 工件与类的不同点

工件与类既形似又不同,不同点体现在两方面:一是两者抽象的方式不同,类是逻辑抽象,工件是物理抽象;二是抽象的级别不同,工件包含类并且依赖类,类则通过工件实现。

3. 工件的分类

工件可分为工作产品工件、二进制工件和实施工件。

1) 工作产品工件

工作产品工件是开发环境中的实现文件。它是开发过程的产物,不直接参与可执行系统,用来生产可执行系统(obj\exe)。

(1) ≪file≫——源代码。

(2) ≪page≫——Web 页面。

(3) ≪document≫——文档。

2) 二进制工件

二进制工件也称连接时工件,它是编译后的目标代码,静态库、动态库文件按。这类工件足以表达类型的对象模型,如 comt、CORRA 及企业级 Jvav Beans 等。

3) 实施工件

实施工件是开发环境中的实现性文件。它构成一个可执行系统必要和充分的构件,并表示处理机上运行的一个执行单元(可执行构件、运行时构件)。如可执行体(EXE)、动态连接库(DLL)、数据库表等。

7.2.4　工件图

工件图是面向对象系统物理方面建模的两种图之一。可以利用工件图对一个系统的静态实现视图进行建模,这里的建模驻留在节点上,如可执行文件、库表、文件和文档。工件图本质上是类图,注重于系统的工件。工件图不仅对于基于工件的系统的可视化、实例化和文档化非常重要,对于通过正反工程来构建可执行系统也非常重要。

一个工件图显示了一系列工件之间的组织关系,从图形方面,工件图就是一系列点和弧的集合。工件图通常包含工件、依赖、泛化、结合和实现关系,像其他图一样,工件图也包含注意事项和限制条件。

当要对一个系统的静态实现视图建模时,通常在以下四个方法中选择创建工件图的方法。

1. 源代码建模

对源代码的图形化建模特别有助于可视化源代码文件之间的编译依赖关系,采用这种方式,UML 构件可作为配置管理与版本控制工具的图形接口。

为了对一个系统的源代码建模,需要进行如下操作。

(1) 通过正向或反向工程,确定一系列源代码文件,将模型工件像文件一样进行建模。

(2) 对于大型系统,使用包来显示源代码文件。

(3) 考虑暴露在外的如源代码文件的版本号、作者和最后修改日期等这样信息的标记值。在建模过程中加入这些标签值。

(4) 利用依赖关系对源文件中的编译依赖关系进行建模。使用工具来帮助生成和管理这些依赖项。

图 7-10 展示了五个源代码文件。文件 signal.h 是一个头文件,图中显示了三个版本,这个源代码文件的各个变量显示了表示版本数的标记值。

2. 可执行版本建模

一个交付到内部或外部用户的版本是相对完整并由一系列工件组成的。工件的上下文中,一个版本应集中在提供一个运行系统的部分。当用工件图为一个版本进行建模时,要可视化、实例化和文档化组成软件的物理部分,也就是说,它的部署工件。

为了对一个可执行版本进行建模,需要进行如下操作。

(1) 确定想要建模的工件。通常情况下,这将包括驻足在一个节点上的一些或所有工件,或者这些工件的分布穿过在系统中的所有节点。

(2) 考虑工件集中每个的原型。对于大多数系统,可以发现一些不同种类的工件

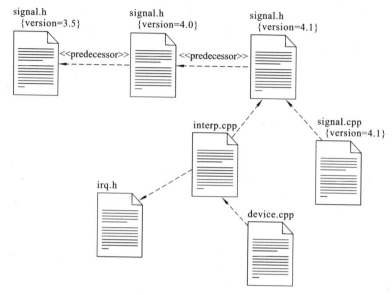

图 7-10　五个源代码文件

（如可执行文件、库表、文件和文档）。可以使用 UML 的扩展机制为这些原型提供视觉线索。

（3）对于这些工件中的每一个，考虑它和邻近工件的关系。通常这将包括中间工件导出的接口。如果想在系统中暴露这些接口，就要对接口进行明确的建模。如果想要一个抽象程度较高的模型，就要省略除了构件之间依赖关系的其他关系。

图 7-11 展示了一个机器人的可执行版本的一部分模型图。该图主要展示了机器人驱动和计算能力上的部署工件。

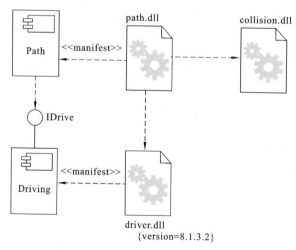

图 7-11　可执行版本建模

3. 物理数据库建模

将一个物理数据库模式认为是在二进制世界中构架的具体实现。构架实际上提供了一个应用程序接口（Application Program Interface，API）来持久化信息；物理数据库的模型表明了存储在关系数据库的表或一个面向对象数据库的页。使用工件图来表示这些和其他类型的物理数据库。

为物理数据库建模可以参考以下几点。

（1）确定在模型中代表逻辑数据库模式的类。

（2）选择一个将这些类映射到表的方法，也将考虑数据库的物理分布。映射方法应根据想让数据所在部署系统的位置来选择。

（3）可视化、构建并文档化映射，创建一个包含工件原型为表的工件图。

4）在可能的情况下，利用工具帮助完成逻辑设计到物理设计的转换。

图 7-12 展示了从学校信息系统抽取出的一系列数据库表。

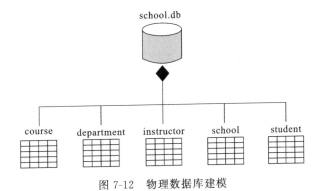

图 7-12 物理数据库建模

4. 动态系统建模

一些系统是相对静态的，它们中的工件开始进入情境，然后运行，最后结束。然而其他的系统更多是动态的，包括移动代理或为了负载平衡和故障恢复的工件迁移。可以使用工件图结合 UML 的一些图来表示这些类型的系统的建模行为。

为了对一个动态系统进行建模，需要进行如下操作。

（1）考虑可能从一个工件迁移到另一个工件的物理分布。可以指定带有位置信息属性的工件的位置，并且可以将它呈现在工件图中。

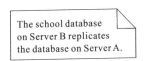

（2）如果想为引起工件迁移的行为建模，就要创建一个包含工件实例的交互图。可以通过多次绘制相同的实例，但是它有不同的状态值，其中包含位置信息。

图 7-13 展示了数据库从 ServerA 复制的建模到 SereB 的建模。

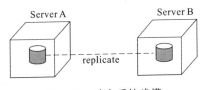

图 7-13 动态系统建模

7.3 部署图

硬件系统体系结构模型涉及系统的详细描述(根据系统所包含的硬件和软件)。它显示硬件的结构,包括不同的节点和这些节点之间如何连接,它还用图形展示了代码模块的物理结构和依赖关系,并展示了对进程、程序、构件等软件在运行时的物理分配。

在面向对象的系统分析和设计中,硬件系统体系结构模型的作用有这些方面:指出系统中的类和对象涉及的具体程序或进程;标明系统中配置的计算机和其他硬件设备;指明系统中各种计算机和硬件设备如何进行相互连接;明确不同代码文件之间的相互依赖关系;如果修改某个代码文件,标明哪些相关的代码文件需要重新进行编译。

一个面向对象系统模型包括软件和硬件两方面,经过开发得到的软件系统的构件和重用模块,必须部署在某些硬件上才能执行。在 UML 中,硬件系统体系结构模型由部署图建模。

部署图也称配置图、实施图。部署图展示了工件如何在系统硬件上部署和各个硬件部件如何相互连接。部署图对系统的物理架构进行建模,它展示了系统软件和硬件构件之间的关系,以及这些组件在物理上的处理。一个系统只有一个部署图,部署图常常用于帮助理解分布式系统。

部署图一般在开发的实现阶段开始准备,它展示了在分布式系统中所有的物理节点,在每个节点上保存的工件和组件,以及别的元素等。

部署图由体系结构设计师、网络工程师、系统工程师等描述。图 7-14 展示的是一个部署图示例。

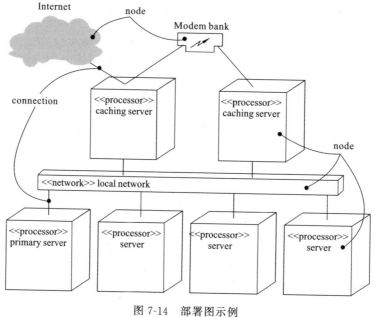

图 7-14　部署图示例

部署图有两个基本概念:节点和连接。节点可以代表一个物理设备和运行该设备上的软件系统,如 PC、打印机、传感器等。节点之间的连线表示系统之间进行交互的通信路径,这个路径称为连接。

7.3.1　节点

节点是存在于运行时的代表计算资源的物理元素,即节点表示某种计算资源的物理(硬件)对象,包括计算机、外部设备(打印机、读卡机、通信设备等)。节点一般都具有内存,而且常常具有处理能力。

在 UML 中,节点用一个立方体来表示,如图 7-15 所示。

每一个节点都必须有一个区别于其他节点的名称。节点的名称是一个字符串,位于节点图标的内部。在实际应用中,节点名称通常是从现实的词汇表中抽取出来的短名词或名词短语。节点的名称有两种:简单名——只是一个简单的名称;路径名——是在简单名的前面加上节点所在的包的名称。

通常,UML 图中的节点只显示其名称,但是也可以用标记值⟨ ⟩或表示节点细节的附加栏加以修饰,节点上还可以附加如≪printer≫、≪router≫、≪carcontroller≫等表示特定的设备类型,如图 7-16 所示。

图 7-15　节点的表示　　　　　　　　　　图 7-16　带有构造型的节点

部署图中的节点分为两类:处理机和设备。

处理机是可以执行程序的硬件构件。在部署图中,可以说明处理机中有哪些进程、进程的优先级与进程的调度方式等。其中进程调度方式分为抢占式、非抢占式、循环式、算法控制方式和外部用户控制方式等。设备是无计算能力的硬件构件,如调制解调器、终端等。

部署图可以显示配置和配置之间的依赖关系,但是每个配置必须存在于某些节点上。部署图可以将节点和配置结合起来,以处理资源和软件实现之间的关系。当配置驻留某个节点时,可以将它建模在图上该节点的内部。为显示配置之间的逻辑通信,需要添加一条表示依赖关系的虚线箭头(如图 7-17 所示)。

将部署图标置于节点内部可以清楚地表示节点对配置的包容。同样,也可以在节点和配置之间添加一条表示依赖关系的虚线箭头并使用构造型来表示。

7.3.2　节点之间的关联

部署图中的节点和节点之间通过物理连接发生联系,以便从硬件方面保证系统各节

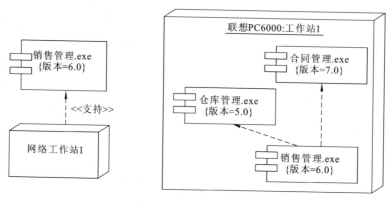

图 7-17　节点中的配置

点之间的协同运行。节点之间,节点和构件之间的联系包括通信关联、依赖关联等。

部署图用关联关系表示各节点之间的通信路径。在 UML 中,部署图中的关联关系的表示方法与类图中关联关系相同,都是一条实线(如图 7-18 所示)。关联关系一般不使用名称,而使用构造型,如≪Ethernet≫、≪parallel≫、≪TCP≫等。

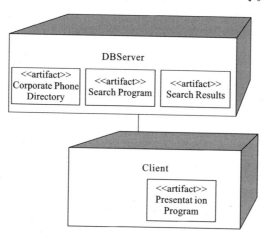

图 7-18　节点间的连接

前面介绍了节点和节点之间的通信关联,下面介绍节点和构件之间的依赖关联。

节点和构件之间,驻留在某一个节点上的构件或对象与另一个节点上的构件或对象之间也可以发生联系,这种联系称为依赖。依赖分两种,一种是同一节点上构件与节点的支持依赖;另一种是分布式系统中不同节点上驻留构件或对象之间迁移的“成为”依赖。依赖使用虚箭头表示。

在 UML 中,支持依赖联系以构造型≪支持≫表示,如图 7-17 的左图所示。描述一个分布式系统中不同节点上驻留的构件或对象之间迁移的依赖关系用构造型≪becomes≫声明。

一个工件为另一个工件提供参数。一个部署说明本质上就是一个配置文件。例如,一个 XML 文档或者一个文本文档,它里面定义了一个工件是怎么部署在节点上的,如图

7-19 所示。

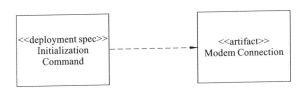

图 7-19　工件之间参数传递

7.3.3　部署图的建模步骤

在实际应用中,并不是所有的软件开发项目都需要绘制部署图。如果要开发的软件系统只需要运行在一台计算机上,且只使用此计算机上已经由操作系统管理的标准设备,如键盘、鼠标、显示器等,那么就没有必要绘制部署图。但是,如果要开发的软件系统需要使用操作系统之外的设备,如扫描仪、打印机等,或者系统中的设备分布在多个处理器上,这时就必须绘制部署图,以帮助开发人员理解系统中软件和硬件之间的映射关系。

部署图一般用于对系统的实现视图建模,建模的时候要找出系统中的节点和节点之间的关联关系。具体的步骤如下。

(1) 对系统中的节点建模。根据硬件设备和软件体系结构的功能要求统一考虑系统的节点。根据硬件设备的配置如系统使用的服务器、工作站、交换机、输入/输出设备等确定节点。因为计算机能处理信息和执行构件,一般将一台计算机作为一个节点;一个设备也作为一个节点,设备一般不能执行构件,但它是系统与外界交互的接口。然后描述节点的属性——系统各节点计算机的性能指标。

(2) 确定驻留构件。根据软件体系结构和系统功能要求分配相应构件驻留到节点上。

(3) 注明节点性质。用 UML 标准的或自定义的构造型描述节点的性质。在使用时要谨慎地使用构造型化元素,为项目或组织选择少量通用图标,并在使用它们时保持一致。

(4) 确定节点之间的联系。如果是简单通信联系,就用关联连接描述节点之间的联系;可在关联线上标明使用的通信协议或网络类型。对于分布式系统,应当注意各节点驻留的构件或对象之间迁移的依赖关系。

(5) 绘制部署图。对于一个复杂的大系统,可以采用打包的方式对系统的众多节点进行组织和分配,形成结构清晰具有层次的部署图。同时要注意,每个包中节点名称要具有唯一性,还要注意包与包之间的联系,摆放元素时尽量避免线的交叉。

以上就是绘制部署图的具体步骤。在绘制过程中还要掌握一些技巧。

当在 UML 中创建部署图时,记住每一个部署图只是系统静态视图的一个图形表示。这意味着系统所有的部署图一起表示了系统的完整的静态实施视图;每一个部署图只反映系统实施视图的一方面。

一个结构良好的部署图,应满足以下要求:侧重于描述系统的静态实施视图的一方面;只包含对理解这方面是必要的那些元素;只显示对于理解问题时必要的那些修饰,即提供与抽象级别一致的细节;同时要注意的是不要过分简化,以免使读者对重要语义产生误解。

7.4　本章小结

系统体系结构模型在系统的分析与设计中都会涉及。构件图在内容上通常包括构件、接口和构件之间的关系。构件图中构件之间的关系包括依赖、泛化、关联和实现。工件是代表一些物理实体的分类器,是比特世界中的物理抽象,驻留在节点上,而工件图则显示了一系列工件之间的组织关系。接口是用来描述一个构件能提供服务的操作的集合,这里的操作指的是只提供操作名称而没有具体实现的操作。接口和构件的关系分为两种:实现关系和依赖关系。在 UML 中,硬件系统体系结构用部署图表示。部署图展示了系统硬件上构件的部署情况和各个硬件之间的连接情况。节点和连接是部署图中的两个基本概念。节点可以代表一个物理设备和运行该设备上的软件系统,节点之间的连线表示系统之间进行交互的通信路径,这个路径称为连接。

7.5　习题 7

1. 填空题

（1）系统体系结构建模可分为_____建模和_____建模。其中,软件系统体系结构就是对系统的用例、类、_____、_____以及相互之间的_____进行描述。

（2）_____描述系统中的不同物理构件及其相互之间的联系,表达系统代码本身的结构。_____由节点构成,节点代表系统的硬件。

（3）构件和接口是构件图中的重要组成部分,它们之间的关系可分为两种:_____和_____。

（4）计算资源的物理(硬件)对象,包括计算机、外部设备(打印机、读卡机、通信设备等)在部署图中用_____表示。

（5）部署图中的节点按有无计算能力可以分为两种:_____和_____。

2. 名词解释

（1）系统体系结构、软件系统体系结构、硬件系统体系结构

（2）构件和接口

（3）节点

3. 简答题

（1）软件构件的特点有哪些?

（2）介绍构件和构件的接口的图符表示方法。

（3）简述接口在构件图中的应用。

（4）简述工件的概念。

（5）简述图 7-20 所示的的某系统 Web 服务器部署图。

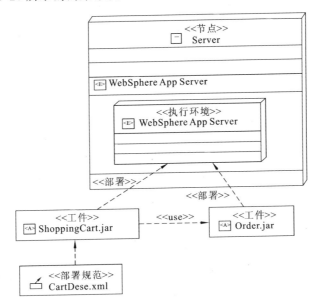

图 7-20　某系统 Web 服务器部署图

第8章　设计模式

8.1　设计模式概述

在面向对象软件工程中,设计模式扮演着一个重要的角色,它是为解决具体问题而从软件模式分支中衍生出来的一个重要方案。在设计面向对象的过程中,必须找到相关的对象,以适当的粒度将它们归类,再定义类的接口和继承层次,建立对象之间的基本关系。设计除了要有针对性和通用性,还要尽量避免或减少重复设计。

身经百战的设计者有自己的经验,他们知道以前使用过的解决方案的重要性,因为这其中不乏好的解决方案,同样这些经验也是他们成为内行的部分原因。因此,在许多面向对象系统中可以看到类和相互通信的对象的重复模式。这些模式解决特定的设计问题,使面向对象设计更灵活、优雅,最终复用性更好。它们帮助设计者将新的设计建立在以往工作的基础上,复用以往成功的设计方案。一个熟悉这些模式的设计者不需要再去发现它们,而能够立即将它们应用于设计问题中。

设计模式将这些面向对象软件的设计经验记录下来。每一个设计模式系统地命名、解释和评价了面向对象系统中一个重要的和重复出现的设计。

设计模式使人们可以更加简单、方便地复用成功的设计和体系结构。将已证实的技术表述成设计模式也会使新系统开发者更加容易理解其设计思路。设计模式帮助做出有利于系统复用的选择,避免设计损害系统复用性。通过提供一个显式类和对象作用关系以及它们之间潜在联系的说明规范,设计模式甚至能够提高已有系统的文档管理和系统维护的有效性。简而言之,设计模式可以帮助设计者更快、更好地完成系统设计。引入软件设计模式将成为企业或者个人可持续发展的必然选择。只有专业,才能在这个领域做得最好,为社会、企业和个人带来更多的价值。

8.1.1　设计模式起源和概念

1. 设计模式的起源

模式起源于建造业而非软件业。模式之父是美国加利福尼亚大学环境结构中心研究所所长 Christopher Alexander。Christopher Alexander 对模式给出了经典定义:每个模式都描述了一个在环境中不断出现的问题,然后描述了该问题的解决方案的核心,通过这种方式,可以无数次地重用已有的解决方案,无须再重复相同的工作。模式是在特定环境中解决问题的一种方案。

尽管 Christopher 所指的是城市和建筑模式,但他的思想同样适用于面向对象设计模式,只是在面向对象的解决方案里,用对象和接口代替了墙壁和门窗。两类模式的核心都在于提供了相关问题的解决方案。

1990 年,软件工程界开始关注 Christopher Alexander 等提出的模式应用在建造业领域的重大突破,最早将该模式的思想引入软件工程方法学的是 1991～1992 年以"四人组"(Gang of Four , GoF,分别是 Erich Gamma,Richard Helm,Ralph Johnson 和 John Vlissides)自称的四位著名软件工程学者,他们在 1994 年归纳发表了 23 种在软件开发中使用频率较高的设计模式,旨在用模式来统一沟通面向对象方法在分析、设计和实现间的鸿沟。

2. 设计模式的概念

设计模式通常是对于某一类的软件设计问题可重用的解决方案,将设计模式侵入软件设计和开发过程,其目的就在于要充分利用已有的软件开发经验。一般而言,一个模式有四个基本要素。

(1) 模式名称。模式名称是一个助记名,它用一两个词来描述模式的问题、解决方案和效果。命名一个新的模式增加了设计词汇。设计模式允许在较高的抽象层次上进行设计。基于一个模式词汇表,自己和同事之间就可以讨论模式并在编写文档时使用它们。模式名可以帮助思考,便于与其他人交流设计思想和设计结果。正因为模式名称有如此的重要性,所以找到恰当的模式名也是设计模式编目工作的难点之一。

(2) 问题。描述了应该在何时使用模式。它解释了设计问题和问题存在的前因后果,它可能描述了特定的设计问题,如怎样用对象表示算法等。也可能描述了导致不灵活设计的类或对象结构。有时候,问题部分会包括使用模式必须满足的一系列先决条件。

(3) 解决方案。描述了设计的组成成分,它们之间的关系及各自的职责和协作方式。因为模式就像一个模板,可应用于多种不同场合,所以解决方案并不描述一个特定而具体的设计或实现,而是提供设计问题的抽象描述和怎样用一个具有一般意义的元素组合(类或对象组合)来解决这个问题。

(4) 效果。描述了模式应用的效果和使用模式应权衡的问题。尽管描述设计决策时,并不总提到模式效果,但它们对于评价设计选择和理解使用模式的代价及好处具有重要意义。软件效果大多关注对时间和空间的衡量,它们也表述了语言和实现问题。因为复用是面向对象设计的要素之一,所以模式效果包括它对系统的灵活性、扩充性或可移植性的影响,显式地列出这些效果对理解和评价这些模式很有帮助。

8.1.2　设计模式遵循的基本原则

近年来,人们对提倡和使用设计模式的呼声越来越高。设计模式可以实现代码的复用,增加可维护性。这里介绍了一些设计模式实现应遵循的基本原则,分别是单一职责原则、开放封闭原则、里氏替换原则、依赖倒置原则和接口隔离原则。

1. 单一职责原则

就一个类而言,应该有且仅有一个引起它变化的原因——单一职责原则。这是对象职责的一种理想状态。对象不应该承担太多职责,这样才能保证对象的高内聚和细粒度。对象的高内聚和细粒度有利于对象的重用。单一职责原则还有利于对象的稳定。对象的职责越少,对象之间的依赖关系就越少,耦合度减弱,受其他对象的约束与牵制就越少,从而保证了系统的可扩展性。

单一职责原则并不是极端地要求只能为对象定义一个职责,而是利用极端的表述方式重点强调,在定义对象职责时必须考虑职责与对象之间的所属关系。

2. 开放封闭原则

一个软件实体应该对扩展开放,而对修改关闭。一旦一个对象被定义好,并公开给其他对象调用,就只可以在不修改的前提下对其进行扩展。

这里的修改可以分为两个层次来分析。一个层次是对抽象定义的修改,如对象公开的接口,包括方法的名称和参数等,在此必须保证一个接口,尤其要保证被其他对象调用接口的稳定。要保证接口的稳定,就应该对对象进行合理地封装。另一层次是指对具体实现的修改。原则上,要做到避免对源代码的修改,即使在修改具体实现时也要十分谨慎。当然,设计要做到完全对修改封装,几乎是不可能完成的,只能利用封装与充分测试的可信指导思想尽量将代码修改的影响降到最低。

3. 里氏替换原则

里氏变换是由 Barbara Llskov 在 1988 年提出的著名替换原则。具体表述为一个软件实体如果使用的是一个基类,那么一定适用于其子类,而且它根本不能察觉出基类对象和子类对象的区别。只有派生类可以替换基类,基类才能真正被复用,而派生类也能够在基类的基础上增加新的功能。但是反过来的替换并不成立。

通俗地讲,就是子类型能够完全替换父类型,而不会让调用父类型的客户程序从行为上有任何改变。

4. 依赖倒置原则

高层模块不应该依赖于低层模块,二者都应该依赖于抽象,抽象不依赖于细节,细节应该依赖于抽象,这是依赖倒置原则的要求。也就是说,要依赖抽象不要依赖具体。即针对接口编程不要针对实现编程。针对接口编程的意思是应当使用接口和抽象类进行变量的类型说明、参量的类型声明、方法的返还类型声明和数据类型的转换等。不要针对编程的意思是不应当使用具体类进行变量的类型声明、参量的类型声明、方法的返还类型声明和数据类型的转换等。这就好像电源插头只需要关心插座是两相还是三相,而不需要知道插头如何与插座内的电线相连。

5. 接口隔离原则

使用多个专门的接口比使用单一的总接口要好,这就是接口隔离原则。因为接口如果能够保持粒度够小,就能保证它足够稳定。胖接口会导致它们的客户程序之间产生不正常的并且有害的耦合关系。当客户程序要求该胖接口进行一个改动时,会影响所有其他的客户程序。也就是说面对不同的调用者可以提供一个对应的细粒度接口进行匹配。

8.1.3　设计模式分类

设计模式有几种分类的方法,设计模式按目的分为创建型、结构型和行为型;按范围分为类模式和对象模式(范围指出模式是用于类还是对象)——类模式处理类和子类之间的关系,这些关系通过继承建立,是静态的,在编译器就确定下来了;对象模式处理对象之间的关系,这些关系在运行时刻是可以变化的,更具动态性。其中比较通用的方法是根据设计模式完成的任务和目的进行分类——创建型设计模式、结构型设计模式和行为型设计模式。

　　创建型设计模式在创建对象时不再由我们直接实例化对象，而是根据特定场景，由程序确定创建对象的方式，从而保证更高的性能、更好的架构优势。创建型模式主要有简单工厂模式，工厂方法模式，抽象工厂模式，单例模式，生成器模式和原型模式。

　　结构型设计模式用于帮助将多个对象组织成更大的结构。结构型模式主要有适配器模式、桥接模式、组合器模式、装饰器模式、门面模式、亨元模式和代理模式。

　　行为型设计模式用于帮助系统间各对象的通信和控制复杂系统中流程。行为型模式主要有命令模式、解释器模式、迭代器模式、中介者模式、备忘录模式、观察者模式、状态模式、策略模式、模板模式和访问模式。

　　在下面的章节中将对这三种设计模式及其包含的经典的设计模式进行详细介绍。

8.2　创建型设计模式

　　创建型模式描述怎样创建一个对象，它对对象创建的细节进行了隐藏，使程序代码不依赖具体的对象，这样可以几乎不修改任何代码即可增加一个新的对象。也就是说，创建型模式抽象了实例化过程。它们帮助一个系统独立于如何创建、组合和表示它的那些对象。创建型的类模式将对象的部分创建工作延迟到子类，在对象模式中则将它延迟到另一个对象中。创建型设计模式在创建类和对象时具有灵活、能重用、可修改的特点。

8.2.1　工厂设计模式

　　在面向对象系统设计中经常会遇到以下两类问题。

　　(1) 为了提高内聚和松耦合，经常会抽象出一些类的公共接口以形成抽象基类或者接口。这样可以通过声明一个指向基类的指针来指向实际的子类实现，达到了多态的目的。这里很容易出现的一个问题是多个子类继承自抽象基类，不得不在要用到子类的地方编写如 new ×××的代码。这里带来两个问题：①客户和程序员必须知道实际子类的名称；②程序的扩展性和维护变得越来越困难。

　　(2) 还有一种情况就是在父类中并不知道具体要实例化哪一个具体的子类。这里的意思是：假设在类 A 中要用到类 B，B 是一个抽象父类，在 A 中并不知道具体要实例化哪一个 B 的子类，但是在类 A 的子类 D 中是可以知道的，在 A 中没有办法直接使用类似于 new ×××的语句，因为根本就不知道×××是什么。

　　以上两个问题引出了工厂模式的两个最重要的功能：①定义创建对象的接口，封装了对象的创建；②使得具体化类的工作延迟到了子类中。

　　工厂设计模式主要为创建对象提供过渡接口，以便将创建对象的具体过程屏蔽起来，以达到提高灵活性的目的。工厂设计模式可以分为三类：简单工厂(simple factory)模式、工厂方法(factory method)模式和抽象工厂(abstract factory)模式。这三种模式从上到下逐步抽象并更加一般性。

1. 简单工厂模式

简单工厂模式又称为静态工厂方法模式,它由一个工厂类根据传入的参数决定创建出哪一种产品类的实例。它存在的目的就是定义一个用于创建对象的窗口。简单工厂模式的组成基本分为三部分:工厂类角色(Creator)、抽象类角色(Product)和具体产品角色(ConcreteProduct)。

其中,工厂类角色是该模式的核心,含有一定的商业逻辑和判断逻辑,它往往由一个具体类实现;抽象产品角色由简单工厂模式所有要创建的对象的父类或它们共同拥有的接口担任。抽象产品角色可以用一个接口或抽象类实现;具体产品角色的实例就是工厂类所创建的对象,它由一个具体类实现。

如图 8-1 是简单工厂模式类图的表示结构。

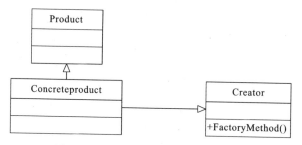

图 8-1　简单工厂模式类图的表示结构

简单工厂模式使用起来比较简单,核心是工厂类,客户端则可以免除直接创建产品对象的责任,仅负责"消费"产品,这样简单工厂模式就实现了责任分隔。但是在增加新的产品时也必须修改工厂类,这样不利于软件的扩展和修改。同时,产品类可以有负责的多层次等级结构,但工厂类只有一个具体工厂,这样一旦它本身不能正常工作了,整个程序都会受到影响。

2. 工厂方法模式

工厂方法模式又称为多态性工厂模式,工厂方法模式的目的就是定义一个用于创建对象的接口,让子类决定实例化哪一个类。这样在简单工厂模式里集中在工厂方法上的压力可以由工厂方法模式里不同的工厂子类来分担。

工厂方法模式的结构组成分为四部分:抽象工厂角色(Creator)、具体工厂类(ConcreteCreator)、抽象产品类(Product)和具体产品类(ConcreteProduct)。其中,抽象工厂角色是工厂方法模式的核心,它与应用程序无关,是具体工厂角色必须实现的接口或者必须继承的父类;具体工厂类含有和具体业务逻辑相关的代码,在应用程序的直接调用下,这些类用于创建产品实例;抽象产品类是具体继承父类或者是实现的接口;具体产品类是工厂方法模式创建的任何对象所属的类。

工厂方法模式的类图结构如图 8-2 所示。

工厂方法模式核心和简单工厂不同,它的核心是一个抽象工厂类,这样工厂方法模式允许多个具体工厂类从抽象工厂类继承而来。也可以这样说,简单工厂模式是由工厂方法模式退化而来。在简单工厂模式和工厂方法模式的选择上,如果某个系统只用一个产品类等级就可以描述所有已有的产品类和在预见的未来可能引进的产品类,那么采用简单工厂模式是第一选择;而当系统只用一个产品类等级不足以描述所有的产品类时就要

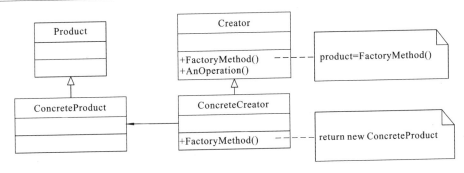

图 8-2　工厂方法模式的类图结构

考虑采用工厂方法模式,因为这种模式可以容许所有的产品等级。

3. 抽象工厂模式

抽象工厂模式管理的是一系列对象的创建,该模式提供一个创建一系列相关或相互依赖对象的接口,而无须指定它们具体的类。这里的相关或相互依赖对象是具有特殊意义的。它要求这些对象具有相同的继承体系,并因此形成一个产品族。同时,工厂对象也将建立与产品相同的继承体系,从而完成对对象创建的抽象。

简单地说,抽象工厂向客户提供一个接口,使客户可以在不必指定产品具体类型的情况下,创建多个产品族中的产品对象。

在抽象工厂模式中有 4 个角色:抽象工厂角色、具体工厂角色、抽象产品角色和具体产品角色。其中,抽象工厂角色是该模式的核心,与应用程序无关。任何在模式中创建对象的工厂类必须实现这个接口或继承这个类;具体工厂角色与应用程序紧密相连,是由应用程序调用以创建对应的具体产品的对象;抽象产品角色是具体产品继承的父类或者是实现的接口;具体产品角色创建的对象就是此角色的实例。

抽象工厂模式的类图结构如图 8-3 所示。

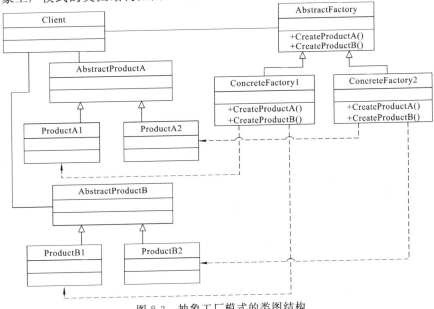

图 8-3　抽象工厂模式的类图结构

抽象工厂模式将客户与类的实现进行了分离,这样使修改某个应用的具体工厂变得很容易,易于交换产品系列。但是,由于要增加新类型的产品就需要扩展抽象工厂的接口,这是比较困难的。

这三种工厂模式的区别是初学使用设计模式时一个容易引起困惑的地方。实际上,抽象工厂模式为创建一组(有多类)相关或依赖的对象提供创建接口,而其他两类模式为一类对象提供创建接口或延迟对象的创建到子类中实现,并且抽象工厂模式通常使用工厂方法模式实现。

8.2.2　单例模式

单例模式(singleton)又称为单态模式或者单件模式,它是使用很频繁的一种设计模式,在各种开源框架和应用系统中都有应用。单例模式属于对象创建型模式,它保证一个类仅有一个实例,并提供一个访问它的全局访问点。单例模式中的"单例"通常用来表示那些本质上具有唯一性的系统组件,如文件系统、资源管理器等。

单例模式的适用情况有两种:①当类只能有一个实例而且客户可以从一个众所周知的访问点访问它时;②当这个唯一实例是通过子类化可扩展的,并且客户无须更改代码就能使用一个扩展的实例。

在单例模式中要保证仅有一个实例较好的方法是让类自身负责保存它的唯一性。这个类能够保证没有其他实例可以被创建,并且它可以提供一个访问该实例的方法。这就是单例的核心思想。单例模式在实现上也是很简单的——只有一个角色,而客户则通过调用类方法来得到类的对象。单例模式的参与者:单例对象定义了一个 Instance()操作,允许客户访问它的唯一实例,并可能负责创建它自己的唯一实例;Instance()是一个类操作。

单例模式的结构图如图 8-4 所示。

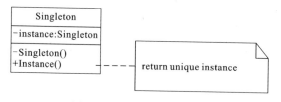

图 8-4　单例模式的结构图

单例模式可分为有状态的和无状态的。有状态的单例对象一般是可变的单例对象,多个单例对象在一起就可以作为一个状态仓库向外提供服务;无状态的单例对象也就是不变单例对象,仅用来提供工具函数。

单例模式很灵活,在单例模式中对全局变量进行了一种改进——单例类封装了它的唯一实例,可以实现对唯一实例的受控访问;单例模式还允许可变数目的实例,这样就可以灵活改变设计想法;并且单例类可以有子类,很容易用这个扩展类的实例配置一个应用。实践也表明,单例类比类操作还要灵活。

单例模式有两种适用情景:①当类只能有一个实例而且客户可以从一个众所周知的访问点访问它时;②当这个唯一实例是通过子类化可扩展的,并且客户无须更改代码就能使用一个扩展的实例时。

8.2.3　构建型其他设计模式

1. 生成器模式

生成器模式（builder）又称为建造者模式，它指的是将一个复杂对象的构件与它的表示分离，使得同样的构建过程可以创建不同的表示。这句话很抽象、不好理解，其实在生活中就有很多生成器模式的例子，例如，大学生活就是一个生成器模式，大学生要完成大学教育，要在规定的时间内修够一定的学分，一般将大学教育分为 4 个学年进行。因此可将每个学年看做构建整个大学教育的一个部分构建过程，每个人由于机会和机遇——构建中引入的参数不完全相同，所以经过 4 年的构建过程得到的结果就不一样。

生成器模式的结构图如图 8-5 所示。

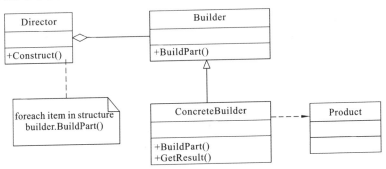

图 8-5　生成器模式的结构图

按照封装变化的原理，生成器模式实际就是封装对象创建的变化，但它与工厂方法模式、抽象工厂模式有所不同，对象的创建主要是指对象内部构件的创建。也可以这样理解，生成器模式就像生产线的装配工人，可以接收多种方式与顺序组装各种零部件。

2. 原型模式

原型模式（prototype）是指用原型实例指定创建对象的种类，并且通过复制这些原型创建新的对象。可以很容易地想到通过孙悟空头上的 3 根毛就可以复制出成千上万的孙悟空。其实原型模式和孙悟空很类似——都提供了自我复制的功能，也就是说新对象可以通过已有对象进行创建。

原型模式的结构图如图 8-6 所示。

原型模式通过复制原型而获得新对象创建的功能，原型由于可以生产对象，所以本身就是“对象工厂”。实际上原型模式和生成器模式、抽象工厂模式都是通过一个类来专门负责对象的创建工作。它们之间的区别就在于生成器模式重在复杂对象的一步步创建，抽象工厂模式重在生产多个相互依赖的对象，而原型模式重在从自身复制自己创建新类。

8.2.4　创建型设计模式总结

用一个系统创建的对象的类对系统进行参数化有两种常用方法：一是生成创建对象的类的子类；二是更多地依赖于对象复合。

前者对应于使用工厂方法模式。这种方法的主要缺点是，仅为了改变产品类，就可能

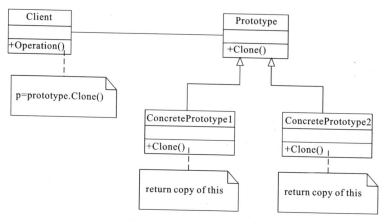

图 8-6　原型模式的结构图

需要创建一个新的子类。这样的改变可能是级联的。后者定义了一个对象负责明确产品对象的类,并将它作为该系统的参数。这是抽象工厂模式,生成器模式和原型模式的关键特征。这三个模式都涉及创建一个新的负责创建产品对象的"工厂对象"。抽象工厂模式由这个工厂对象产生多个类的对象。生成器模式由这个工厂对象使用一个相对负责的协议,逐步创建一个负责产品。原型模式由该工厂对象通过复制原型对象来创建产品对象。在这种情况下,因为原型负责返回产品对象,所以工厂对象和原型是同一个对象。

　　工厂方法模式使一个设计可以定制且只略微有一些复杂。其他设计模式需要新的类,而工厂方法模式只需要一个新的操作。人们通常将工厂方法作为一种标准的创建对象的方法。但当被实例化的类根本不发生变化或当实例化出现在子类可以很容易重定义的操作中(如初始化操作中)时,这就不必要了。

　　使用抽象工厂、原型或生成器的设计甚至比工厂方法的那些设计更灵活,但它们也更加复杂。通常,设计以使用工厂方法开始,当设计者发现需要更大的灵活性时,设计便会向其他创建模式演化。

8.3　结构型设计模式

　　结构型设计模式用来处理类或者对象的组合,它关注的是对象组合的方式。结构型类模式采用继承机制来组合接口或实现。一个简单的例子是采用多重继承方法将两个以上的类组合成一个类,结果这个类包含了所有父类的性质。这一模式尤其有助于多个独立开发的类库协同工作。

　　结构型对象模式不是对接口和实现进行组合,而是描述了如何对一些对象进行组合,从而实现新功能的一些方法。因为可以在运行时刻改变对象组合关系,所以对象组合方式具有更大的灵活性,而这种机制用静态类组合是不可能实现的。总的来说,结构型设计模式的类模式采用继承机制来组合类,对象模式则描述了对象的组装方式。

8.3.1　代理模式

　　当操作或控制一个对象时,如果该对象出于某种原因不能被调用方直接控制或操作,此时,代理模式(proxy)就可以派上用场。代理模式为其他对象提供一种代理以控制对这个对象的访问。简单地说就是在一些情况下客户不想或者不能直接引用一个对象,而代理对象可以在客户和目标对象之间起到中介作用,去掉客户不能看到的内容和服务或者增添客户需要的额外服务。

　　代理模式的参与者有四个角色:客户对象(client)、代理对象(proxy)、抽象类(subject)和实体目标对象(realsubject)。其中,客户对象向一个作为接口的抽象类发送请求;代理对象包含对真实主题的引用,并且提供和真实主题角色相同的接口;抽象类声明了真实主题和代理主题的共同接口;实体目标对象定义了代理对象代表的实体。

　　代理模式的结构图如图 8-7 所示。

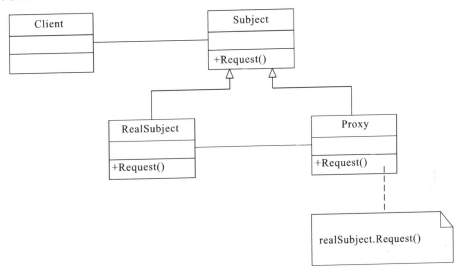

图 8-7　代理模式的结构图

　　常见的使用代理模式的情况有远程代理、虚拟代理、保护代理和智能引用代理。

　　(1) 为网络上的对象创建一个局部的本地代理,如要操作一个网络上的一个对象(网络性能不好的时候,问题尤其突出),将这个操纵的过程交给一个代理完成,这就是远程代理。

　　(2) 虚拟代理根据需要将一个资源消耗很大或者比较复杂的对象延迟的真正需要时才创建。例如,一个很大的图片显示出来需要花费很长的时间,那么当一个包含这个图片的文档使用编辑器或者浏览器打开时,这个图片就可能影响文档的阅读,这时就需要做个图片代理来代替真正的图片。

　　(3) 保护代理控制一个对象的访问权限。例如,在论坛中不同的用户登录会拥有不同的权限。

　　(4) 智能引用代理提供目标对象额外的服务。例如,提供一些友情提示等。

　　代理模式在访问对象时引入了一定程度的间接性,能够在一定程度上降低系统的耦合度。代理模式中的真实主题角色可以结合组合模式来构造,这样一个代理主题角色就可以对一系列的真实主题角色有效,提高代码利用率,减少不必要子类的产生。

8.3.2　外观模式

外观模式(facade)又称门面模式,它为子系统中的一组接口提供一个一致的界面,外观模式定义了一个高层接口,这个接口使这一子系统更加容易使用。定义中的子系统是指在设计中为了降低复杂性根据一定的规则对系统进行的划分。

举个例子来说明外观模式。大多数人生活中都有办各种各样手续的经历,其中最郁闷的是拿到想要的手续前,要去多个地方办理多个手续。其实人们感兴趣的只是最后一道手续的证明,而对于前面的手续办理过程并不关心。在软件开发过程中也经常会遇到这样的问题:实现了一些接口,而这些接口分布在几个类中,然而只有很少的客户程序员要知道不同接口到底是在哪个类中实现的,大部分只是简单地组合最终的目标接口而并不关心其他接口是如何实现的。这时就用到了外观模式。

外观模式的参与者有外观角色(facade)和子系统角色(subsystem classes)。其中,外观角色知道哪些子系统类负责处理请求并将客户的请求代理给适当的子系统对象。子系统角色可以实现子系统的功能,并处理由外观对象指派的任务。对于子系统角色,外观角色是未知的,它没有任何外观角色的信息和链接。

外观模式的结构图如图 8-8 所示。

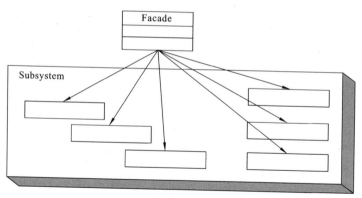

图 8-8　外观模式的结构图

外观模式通常在以下情况下使用。

(1) 当要为一个复杂子系统提供一个简单接口时。子系统往往因为不断演化而变得越来越复杂。大多数模式使用时都会产生更多更小的类。这使得子系统更具可重用性,也更容易进行定制,但这也给那些不需要定制子系统的用户带来一些使用上的困难。外观模式可以提供一个简单的默认视图。

(2) 客户程序与抽象类的实现部分之间存在着很大的依赖性。引入外观模式将这个子系统与客户以及其他子系统分离,可以提高子系统的独立性和可移植性。

(3) 当需要构建一个层次结构的子系统时,使用外观模式定义子系统中每层的入口点。如果子系统之间是相互依赖的,可以让它们仅通过外观角色进行通信,从而简化了它们之间的依赖关系。

外观模式的优点如下。

(1) 它对客户屏蔽子系统组件,因而减少了客户处理的对象的数目并使得子系统使用起来更加方便。

（2）它实现了子系统与客户之间的松耦合关系，而子系统内部的功能组件往往是紧耦合的。松耦合关系使得子系统的组件变化不会影响它的客户。外观模式有助于建立层次结构系统，也有助于对对象之间的依赖关系分层。外观模式可以消除复杂的循环依赖关系。这一点在客户程序与子系统分别实现时尤为重要。

在大型软件系统中降低编译依赖性至关重要。在子系统类改变时，希望尽量减少重编译工作以节省时间。用外观模式可以降低编译依赖性，限制重要系统中较小的变化所需的重编译工作。外观模式同样也有利于简化系统在不同平台之间的移植过程，因为编译一个子系统一般不需要编译所有其他的子系统。

（3）如果应用需要，它并不限制使用子系统类。因此可以在系统易用性和通用性之间加以选择。

8.3.3　桥接模式

总结面向对象实际上就两句话：松耦合、高内聚。面向对象系统追求的目标就是尽可能地提高系统模块内部的内聚、尽可能降低模块间的耦合。

然而这也是面向对象设计过程中最难把握的部分，很多人在这个过程中会遇到这样的问题：客户给了一个需求，于是使用一个类来实现（A）；客户需求变化，有两个算法实现功能，于是改变设计，通过一个抽象的基类，再定义两个具体类实现两个不同的算法（A1和 A2）；客户又说对于不同的操作系统，于是再抽象一个层次，作为一个抽象基类 A0，分别为每个操作系统派生具体类（A00 和 A01，其中 A00 表示原来的类 A）实现不同操作系统上的客户需求，这样就一共有了 4 个类。可能用户的需求又有变化，如又有了一种新的算法，这样就陷入了一个需求变化的郁闷当中，也因此带来了类的迅速膨胀。

桥接模式（bridge）则正是解决了这类问题。

桥接模式将抽象部分与它的实现部分分离，使它们都可以独立地变化。这里的抽象部分和实现部分不是通常认为的父类与子类、接口与实现类的关系，而是组合关系。也就是说，实现部分是被抽象部分调用以实现抽象部分的功能。

桥接模式由如下四种角色组成：抽象（abstraction）角色、精确抽象（refinedabstraction）角色、实现（implementor）角色、具体实现（concreteImplementor）角色。

其中，抽象角色定义了抽象类的接口并维护一个指向实现角色的引用；精确抽象角色实现并扩充由抽象角色定义的接口；实现角色给出了实现类的接口，这里的接口与抽象角色中的接口可以不一致；具体实现角色给出了实现角色定义接口的具体实现。

桥接模式的结构图如图 8-9 所示。

桥接模式适用于以下情景。

（1）不希望在抽象和它的实现部分之间有一个固定的绑定关系。例如，这种情况可能是因为在程序运行时刻实现部分可以被选择或者切换。

（2）类的抽象和它的实现都应该可以通过生成子类的方法加以扩充。这时桥接模式使得可以对不同的抽象接口和实现部分进行组合，并分别对它们进行扩充。

（3）对一个抽象的实现部分的修改应对客户不产生影响，即客户的代码不必重新

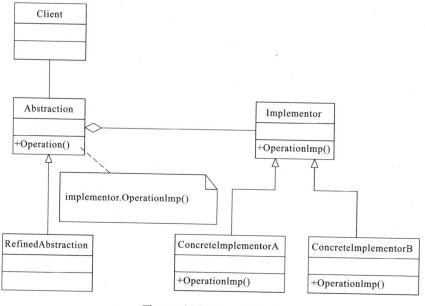

图 8-9　桥接模式的结构图

编译。

（4）想在多个对象间共享实现（可能使用引用计数），但同时要求客户并不知道这一点。

桥接模式的优点如下。

（1）桥接模式将接口分离，这样一个实现未必不变地绑定在一个接口上，并且抽象类的实现可以在运行时刻进行配置，一个对象甚至可以在运行时刻改变它的实现。另外，接口与实现分离有助于分层，从而产生更好的结构化系统，系统的高层部分仅需知道抽象和实现即可。

（2）桥接模式提高了可扩充性，即可以独立地对抽象和实现层次结构进行扩充。

（3）实现细节对客户透明，可以对客户隐藏实现细节，如共享实现对象和相应的引用计数机制。

8.3.4　结构型其他设计模式

1. 适配器模式

适配器模式（adapter）将一个类的接口转换成客户希望的另一个接口。适配器模式使得原本由于接口不兼容而不能一起工作的类可以一起工作。简单地讲，在软件系统设计和开发中，经常遇到这样的情况：为了完成某项工作够买了一个第三方的库来加快开发。这就带来了问题：在应用程序中已经设计好了接口，与这个第三方提供的接口不一致。为了使这些接口不兼容的类可以在一起工作，适配器模式提供了将一个类的接口转化为客户希望的接口的功能。

适配器模式有类适配器和对象适配器两种。类适配器使用多重继承对一个接口与另一个接口进行匹配，如图 8-10 所示。

对象匹配器依赖于对象组合，如图 8-11 所示。

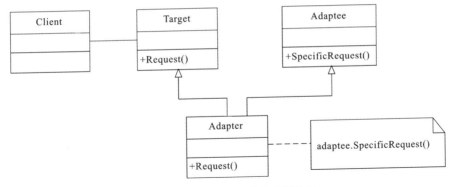

图 8-10　类适配器模式的类图结构

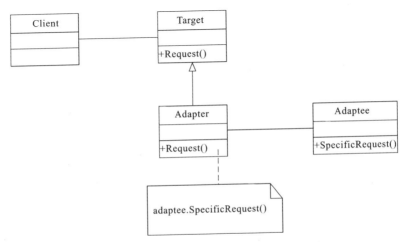

图 8-11　对象适配器模式的类图结构

2. 装饰器模式

装饰器模式(decorator)也叫油漆工模式,它动态地给一个对象添加一些额外的职责,这种添加不是通过继承实现的,而是通过组合。

装饰模式和适配器模式相似,都是利用现成代码加以调整来满足新的需求,其实采用设计模式的目的之一就是复用,这两个模式正是复用的体现。当要用这两种模式的时候都是为现有软件新增新的功能,一般情况下,如果要为软件新增新的功能操作,要用装饰模式,如果要为软件新增功能支持,最好选择适配器模式,如果想为类新增操作,用装饰模式,如果要引入其他来源的现成代码,用适配器模式。

装饰器模式的结构图如图 8-12 所示。

8.3.5　结构型设计模式总结

1. 适配器模式与桥接模式

适配器模式与桥接模式具有一些共同的特征。它们都给另一对象提供了一定程度上的间接性,因为有利于系统的灵活性。它们都涉及从自身以外的一个接口向这个对象转发请求。

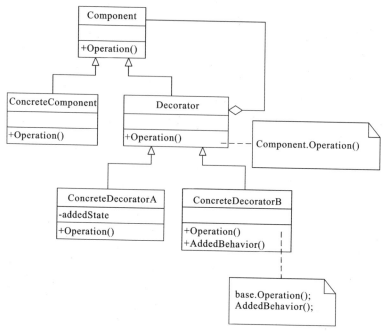

图 8-12　装饰器的模式结构图

两个模式的不同之处主要在于它们各自的用途。适配器模式主要是为了解决两个已有接口之间不匹配的问题。它不考虑这些接口是怎样实现的,也不考虑它们各自可能会如何演化。这种方式不需要对两个独立设计的类中的任何一个进行重新设计,就能够使它们协同工作。桥接模式则对抽象接口与它的(可能是多个)实现部分进行桥接。虽然这一模式允许修改实现它的类,但它仍然为用户提供了一个稳定的接口。

2. 装饰器模式和代理模式

装饰器模式结构类似于代理模式。这两种模式都描述了怎样为对象提供一定程度上的间接引用,代理模式和装饰器模式的对象的实现部分都保留了指向另一个对象的指针,它们向这个对象发送请求。然而同样,它们具有不同的设计目的。

像装饰器模式一样,代理模式构成一个对象并为用户提供一致的接口。但与装饰器模式不同的是,代理模式不能动态地添加或分离性质,它也不是为递归组合而设计的。它的目的是当直接访问一个实体不方便或不符合需要时,为这个实体提供一个替代者,例如,实体在远程设备上,访问受到限制或者实体是持久存储的。

在代理模式中,实体定义了关键功能,而代理提供(或拒绝)对它的访问。在装饰器模式中,组件仅提供了部分功能,而一个或多个装饰器负责完成其他功能。装饰器模式适用于编译时不能(至少不方便)确定对象的全部功能的情况。这种开放性使递归组合成为装饰器模式中一个必不可少的部分。而在代理模式中不是这样,因为代理模式强制一种关系(代理与它的实体之间的关系),这种关系可以静态地表达。

模式之间的这些差异非常重要,因为它们是针对面向对象设计过程中一些特定的经常发生问题的解决方法。但这并不意味着这些模式不能结合使用。

8.4　行为型设计模式

行为型设计模式描述算法和对象之间的任务分配,它所描述的不仅是类或对象的设计模式,还有它们之间的通信模式。这些模式描述了在运行时难以跟踪的复杂的控制流。也就是说,行为型设计模式对类或对象怎样交互和怎样分配职责进行描述,它关注的是对象的行为。行为型设计模式在类间分派行为时使用继承机制。在对象模式中使用对象复合而不是继承,它表示的是一组对象怎样协作完成单个对象所无法完成的任务。

8.4.1　策略模式

策略模式(strategy)定义了一系列算法,把它们一个个封装起来,并且使它们可相互替换。策略模式可以使算法独立于使用它的客户而变化。这种封装算法就称为一个策略。对这种算法的理解不要仅限于数据结构中的算法,还可以理解为不同的业务处理方法。这种过程就是,策略模式将算法封装到一个类中,通过组合的方式将具体算法在组合对象中实现,再通过委托的方式将抽象接口的实现委托给组合对象。

假设现在在设计一个超市的结账系统。一个最简单的情况就是将所有的货品乘以数量。但是现实情况往往比这个复杂,例如,该超市中奶粉统一打八折,奶制品买一送一,全场满 200 减 20 等活动。由于有这样复杂的折扣算法,价格计算需要系统地解决。使用策略模式可以将行为和环境进行分离。环境类负责维持和查询行为类,各种算法则由具体策略类提供。这样环境和算法相分离,算法的增添、修改等都不会影响环境和客户端。

策略模式由 3 个角色组成:算法使用环境(context)、抽象策略(strategy)和具体策略(concrete strategy)。其中,算法被引用到算法使用环境中和一些其他的与环境相关的操作一起完成任务;抽象策略角色通常由一个接口或抽象类实现,它规定了所有具体策略角色所需的接口;具体策略角色则包装了相关的算法,实现了抽象策略角色定义的接口。策略模式的结构图如图 8-13 所示。

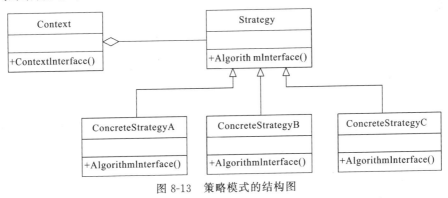

图 8-13　策略模式的结构图

策略模式提供了能够管理算法族的方法,并提供了可以替换继承关系的办法。如果不使用策略模式就会造成使用算法或行为的环境类产生一些子类,每一子类提供一个不同的算法或行为。这样一来算法或行为的使用者和算法或行为本身混在一起。从而使算法的使用环境难以理解、难以维护和难以扩展,而且还不能动态地改变算法。将算法封装在独立的策略类中使其可以独立于环境,这样它易于切换、易于理解、易于扩展。并且策略模式提供了用条件语句选择所需的行为以外的另一种选择,这样可以避免使用多重条件转移语句。

策略模式在以下几种情景下适用。

(1) 许多相关的类仅仅是行为有异。策略模式提供了一种用多个行为中的一个行为来配置一个类的方法。

(2) 需要使用一个算法的不同变体。例如,可能会定义一些反映不同的空间/时间权衡的算法。当这些变体实现为一个算法的类层次时,可以使用策略模式。

(3) 算法使用客户不应该知道的数据。可使用策略模式以避免暴露复杂的、与算法相关的数据结构。

(4) 一个类定义了多种行为,并且这些行为在这个类的操作中以多个条件语句的形式出现。将相关的条件分支移入它们各自的策略类中以替代这些条件语句。

8.4.2　命令模式

命令模式(command)就是将一个请求封装成一个对象,从而使可用不同的请求对客户进行参数化;对请求排队或记录请求日志,以及支持可撤销的操作。这个不同的请求,意味着请求可能发生的变化,是一个可能扩展的功能点。能够说明命令模式实质就是模式的名称“命令”。这表明该模式对命令请求对象进行处理。

其实命令模式就是通过在请求和处理之间加上一个中间人的角色,一次达到分离耦合的目的,通过对中间人角色的特殊设计形成不同的模式。命令模式是由 5 个角色组成的:命令角色(command)、具体命令角色(concrete command)、客户角色(client)、请求者角色(invoker)和接收者角色(deceiver)。

其中命令角色用来声明执行操作的接口;具体命令角色将一个接收者对象绑定于一个对象,同时调用接收者相应的操作,以实现命令角色声明的执行操作的接口;客户角色创建一个具体命令对象并设定它的接收者;请求者角色调用这个命令执行这个请求;接收者角色知道如何实施与执行一个请求相关的操作。

命令模式的结构图如图 8-14 所示。

命令模式的适用情景如下。

(1) 将待执行的动作抽象出以进行参数化某个对象时。

(2) 支持取消操作时。

(3) 在不同的时刻指定、排列和执行请求时。

(4) 支持修改日志,当系统崩溃时根据已有的日志修改可以重新做一遍。

(5) 用构建在原语操作上的高层操作构造一个系统。

命令模式很灵活,优点很多:命令模式将调用操作的请求与知道如何实现该操作的接收对象解耦;可将多个命令装配成一个复合命令;具体命令角色可被不同的请求者角色重用并且增加新的具体命令角色很容易。

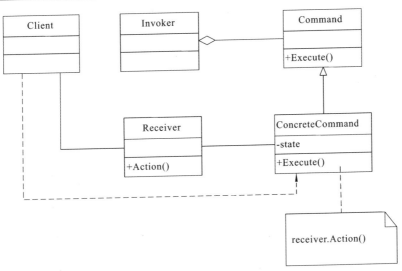

图 8-14　命令模式的结构图

8.4.3　观察者模式

在影片中经常出现观察者模式（observer）——一个团伙在进行盗窃时会在门口安排一个放风的，如果外边有什么情况，放风者就会立刻通知里面的同伙紧急撤退。不排除团伙中有新来的小弟不认识放风者，同样放风者也不一定认识里面所有的人。但是这并不影响他们之间的默契，因为他们之间有双方都知道的暗号。作为行为模式中的一种，观察者模式可以说是应用最多、影响最广的模式之一。但是观察者模式有和其他模式的不同之处：观察者模式的关注重心不是对象的行为，而是两个或多个相互协作类之间的依赖关系。它之所以称为行为模式，原因就是它通过某种行为来控制这种依赖关系并产生消息通知，从而达到了修改相关依赖类的行为或状态的目的。

观察者模式又称发布——订刊模式，它定义了对象间的一种一对多的依赖关系，当一个对象的状态发生改变时，所有依赖它的对象都得到通知并自动更新。

观察者模式由 4 个角色组成：抽象目标角色（subject）、抽象观察者角色（observer）、具体目标角色（concrete subject）和具体观察者角色（concrete observer）。

其中，抽象目标角色知道它的观察者，可以有任意多个观察者观察同一个目标，并且提供注册和删除观察者对象的接口。一个目标对象可以有任意多个观察者对象；抽象观察者角色为那些在目标发生改变时需要获得通知的对象定义一个更新接口；具体目标角色将有关状态存入各个具体观察者对象，当它的状态发生改变时向它的各个观察者发出通知；具体观察者角色维护一个指向具体目标的引用，存储有关状态并更新接口，以使存储状态、自身状态和目标对象状态保持一致。

观察者模式的结构图如图 8-15 所示。

观察者模式的适用情景如下。

（1）当一个抽象模型有两方面，其中一方面依赖于另一方面时，将这二者封装在独立的对象中以使它们可以各自独立地改变和复用。

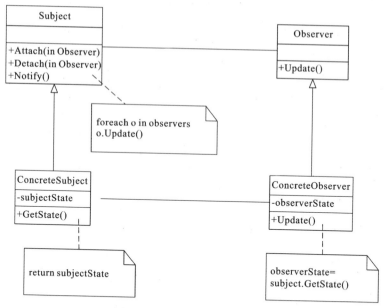

图 8-15　观察者模式的结构图

（2）当对一个对象的改变需要同时改变其他对象，而不知道具体有多少对象有待改变时。

（3）当一个对象必须通知其他对象，而它又不能假定其他对象是谁时。换言之，不希望这些对象是紧密耦合的。

在观察者模式中可以不改动目标对象和其他观察者对象的前提下增加新的观察者对象。这样就使目标对象和观察者对象间的抽象耦合保持了系统层次的完整性。而且能较好地支持广播通信，对观察者对象的删除或增加也更自由。

8.4.4　行为型其他设计模式

1. 访问模式

访问模式（visitor）表示一个作用于某对象结构中的各元素的操作。它使得可以在不改变各元素的类的前提下定义作用于这些元素的新操作。访问模式中对原来的类层次增加了新的操作，仅需要实现一个具体访问者角色就可以了，免去了对整个类层次的修改。访问模式适用于数据结构相对稳定的系统，它将数据结构和作用于结构上的操作之间的耦合解脱开，使得操作集合可以相对自由地演化。

访问模式的结构图如图 8-16 所示。

2. 迭代器模式

迭代器模式（iterator）提供了一种方法顺序访问一个聚合对象中的各个元素，而又不需要暴露该对象的内部表示。迭代器模式的关键思想是将一个对象集合的访问和遍历从对象中分离出来并放入一个迭代器中。

迭代器模式的结构图如图 8-17 所示。

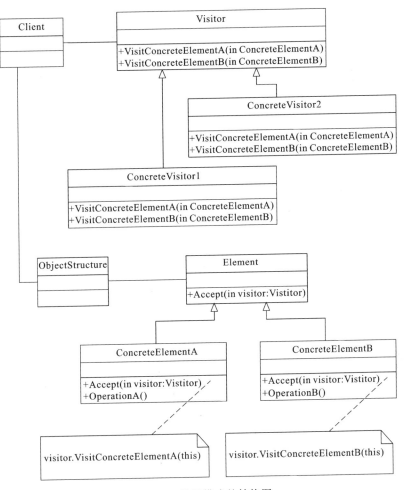

图 8-16 访问模式的结构图

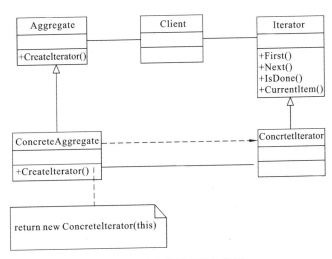

图 8-17 迭代器模式的结构图

3. 状态模式

状态模式(state)允许一个对象在其内部状态改变时改变它的行为。对象看起来似乎修改了它的类。该模式适用于两种情况:一种情况是一个对象的行为取决于它的状态,并且它必须在运行时刻根据状态改变它的行为;另一种情况是一个操作中含有庞大的多分支的条件语句,且这些分支依赖于该对象的状态。状态模式将每一个条件分支放入一个独立的类中,这就使得可以根据对象自身的情况将对象的状态作为一个对象,这一对象可以不依赖其他对象而独立变化。

状态模式的结构图如图 8-18 所示。

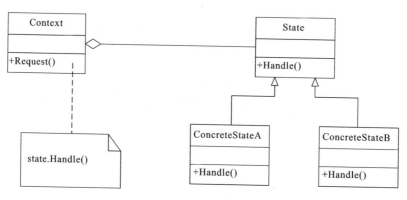

图 8-18　状态模式的结构图

8.4.5　行为型设计模式总结

行为模式涉及算法和对象职责间的分配,行为设计模式采用继承机制在类间分派行为,解释器模式是类行为模式。行为对象模式使用对象复合而不是继承,一些行为对象模式描述了一组相互对等的对象如何相互协作以完成其中任何一个对象都无法单独完成的任务。观察者模式定义并保持了对象间的依赖关系;其他行为对象模式常将行为封装在一个对象中,并将请求指派给它,策略模式将算法封装在对象中,这样可以方便地改变和指定一个对象所使用的算法;命令模式将请求封装在对象中,这样它就可以作为参数来传递,也可以存储在历史列表中或以其他方式使用;状态模式封装一个对象的状态,使得当这个对象的状态变化时,该对象可改变它的行为;访问者模式封装分布于多个类之间的行为;而迭代器模式则抽象了访问和遍历一个集合中对象的方式。

8.5　设计模式选择总结

前面介绍了很多经典的设计模式,选择设计模式时应该考虑设计中哪些是可变的。不是考虑什么会迫使设计改变,而是考虑想要什么变化却又不会引起重新设计。最重要的一点是封装变化的概念,这是许多设计模式的主题。各设计模式的适用情景也都考虑了这些,设计模式支持的可变方面如表 8-1 所示。

表 8-1 设计模式支持的可变方面

目的	设计模式	可变方面
创建	abstract factory	产品对象家族
	builder	如何创建一个组合对象
	factory method	被实例化的子类
	prototype	被实例化的类
	singleton	一个类的唯一实例
结构	adapter	对象的接口
	bridge	对象的实现
	composite	一个对象的结构和组成
	decorator	对象的职责,不生成子类
	façade	一个子系统的接口
	flyweight	对象的存储开销
	proxy	如何访问一个对象,该对象的位置
行为	chain of responsibility	满足一个请求的对象
	command	何时、怎样满足一个请求
	interpreter	一个语言的文法及解释
	iterator	如何遍历,访问一个聚合的各元素
	mediator	对象间怎样交互,和谁交互
	memento	一个对象中哪些私有信息存放在该对象之外,以及在什么时候进行存储
	observer	多个对象依赖于另外一个对象,而这些对象又如何保持一致
	state	对象的状态
	strategy	算法
	template method	算法中的某些步骤
	vistor	某些可作用于一个(组)对象上的操作,但不修改这些对象的类

8.6 本章小结

本章主要介绍了设计模式的起源、概念、应遵循的基本原则和其中常用的设计模式。设计模式通常是对于某一类的软件设计问题的可重用的解决方案,将设计模式侵入软件设计和开发过程,其目的就在于要充分利用已有的软件开发经验。而模式并非起源于软件业而是建造业,模式之父是 Christopher Alexander。

经过对设计模式长期的探索,得出了其实现应遵循的五大基本原则,分别是单一职责原则、开放封闭原则、里氏替换原则、依赖倒置原则和接口隔离原则。

设计模式分类中,比较通用的是按目的分为三大类:创建型设计模式、结构型设计模式和行为型设计模式。创建型模式抽象了实例化过程。它们帮助一个系统独立于如何创建、组合和表示它的那些对象。在创建型模式中主要介绍了简单工厂模式、工厂方法模式、抽象工厂模式、单例模式。结构型设计模式用来处理类或者对象的组合,它关注的是对象组合的方式。这里主要介绍了桥接模式、外观模式和代理模式。行为型设计模式用来对类或对象怎样交互和怎样分配职责进行描述,它关注的是对象的行为。行为型模式中主要介绍了命令模式、观察者模式和策略模式。

本章最后对各个设计模式中的可变方面进行了总结。

8.7　习题 8

1. 填空题

(1) 设计模式应遵循的五个基本原则是＿＿＿＿、＿＿＿＿、＿＿＿＿、＿＿＿＿和＿＿＿＿。

(2) 设计模式按范围分为＿＿＿＿和对象模式;按目的分为＿＿＿＿、＿＿＿＿和＿＿＿＿。

(3) 工厂设计模式可以分为三类:简单工厂模式、＿＿＿＿和＿＿＿＿。

(4) 结构型设计模式用来处理类或者对象的组合,它关注的是对象的＿＿＿＿。结构型类模式采用＿＿＿＿机制来组合接口或实现。

(5) 行为型设计模式用来对类或对象怎样交互和怎样分配职责进行描述,它关注的是对象的＿＿＿＿。

2. 名词解释

(1) 设计模式

(2) 工厂设计模式

(3) 代理模式

(4) 策略模式

3. 简答题

(1) 简述设计模式的背景,是起源于软件业吗?

(2) 简述创建型设计模式、构造型设计模式和行为型设计模式的设计目标。

(3) 创建型、构造型和行为型设计模式各包含哪些设计模式?

(4) 简述单例模式的核心思想和参与角色。

第 9 章　案例分析——电子商城系统建模

本章案例以电子商城系统为例,介绍各个阶段的任务和系统 UML 建模的步骤。

9.1　需求分析

网上购物的主要功能应包括商品管理、用户信息管理、商品查询、订单管理、购物车管理等。具体描述如下。

1. 商品查询

当用户进入电子商城时,应该可以通过主页面的分类查看最新的商品信息,如按照不同商品的品牌查看,同时还应该提供按照商品热度和价格等关键字快速查询所需的商品信息的功能。

2. 购物车管理

当用户选择购买某种商品时,应该能够将对应的商品信息,如价格、数量等记录到购物车中,并允许用户返回到其他产品信息查询页面,继续选择其他商品。同时用户还应该可以在购物车中执行删除商品、添加商品和清除购物车等操作。对应的购物车的订单生成后,购物车的信息自动清除。

3. 订单管理

在用户选择去收银台之后,提示用户选择送货方式和付款方式,最终生成对应的订单记录,以便于网站配送人员依据订单信息进行后续的出货、送货处理,同时用户也可以随时进入订单管理页面,查询与自己相关的订单信息,并可以随时取消订单。

4. 个人信息管理

为了能够实现商品的购买,顾客需要注册并正确登录,由此产生用户相关信息,如联系方式、收货地址等需要系统进行管理。同时也应该允许用户修改自己的相关资料。

5. 后台管理

后台管理主要针对电子商城的员工和管理者,主要需求包括商品分类管理、商品基本信息管理和订单处理等。

其中,商品分类管理:通过该模块,网站管理人员可以根据需要增加新的商品类别也可以对已有的商品分类进行修改、删除等操作。

商品基本信息管理:为了确保网上商城中商品信息的时效性,管理人员可以借助该模块随时增加新的商品信息,同时也可以对原有的商品进行修改和删除等操作。

订单处理:后台人员可以借助该模块查询订单信息,以便与网站配货人员依据订单信息进行后续的出货、送货处理,对于已经处理过的订单,也应该保留历史记录,以便管理人员查询。

9.2 电子商城需求阶段——用例模型

用例模型描述了一个系统的功能需求,它主要包括了系统要实现的功能(用例)、环境(参与者)及用例和参与者之间的关系。用例和参与者之间的关系可以用用例图表示,用例图中可以包含事件流的文字说明,以及参与者和系统之间的交互信息等;同时,对于一些比较复杂的系统,可以使用活动图表示用例中的事件流。

用例模型是客户和开发人员之间进行沟通的桥梁。用例模型具备简单、直观的特性,因此客户可以很容易理解用例模型表述的内容,客户和开发人员可以将用例模型作为载体,来讨论系统的功能和行为。用例模型创建于项目的初始阶段。此时的用例模型主要包括了系统的参与者和主要的用例,用它们来勾画系统的大致轮廓。

很多 UML 的建模软件中都有这种标准的模型,即在需求阶段可以选择标准用例模型进行用例图和活动图的绘制。在第 10 章中将详细介绍创建用例模型的过程。在创建好的用例模型中,可以通过检查几点来确定是否是一个好的用例模型:①该用例模型是否可理解;②在看了用例模型后,能否清楚地得出关于该系统的功能和它们之间的联系;③是否满足所有的功能需求;④用例模型是否包含了多余的行为;⑤模型中包的划分是否正确等。

下面将介绍在需求阶段电子商城系统的用例图和活动图的创建过程。

9.2.1 电子商城用例图

1. 确定系统中的参与者

要对电子商务系统建模,进行系统需求分析之后首先要确定该系统中的参与者。参与者是指在系统外部与系统交互的人或其他系统,它以某种方式参与系统内用例的执行。

确定参与者首先需要分析系统涉及的问题领域和系统运行的主要任务,主要从以下几方面进行考虑:分析使用该系统主要功能的是哪些人,谁需要该系统的支持以完成其工作,谁是系统的管理者与维护者。根据电子商城系统的需求分析,可以确定如下几点。

(1) 顾客可以注册用户信息。

(2) 顾客可以浏览商品。

(3) 顾客可以登录系统。

(4) 顾客可以管理自己的购物车。

(5) 顾客可以查看并管理自己的订单。

(6) 顾客可以退出系统。

(7) 商城店铺管理员可以维护用户信息。

(8) 管理员可以对商品进行信息维护。

(9) 管理员可以进行销售查询。

(10) 店铺一般员工(客服)可以进行订单处理。

通过回答以上问题并结合电子商城购物的流程,可以得到系统执行者有三类:顾客、管理员和一般员工。系统参与者如图 9-1 所示。

顾客　　　管理员　　一般员工

图 9-1　系统参与者

2. 确定系统中的用例

用例是系统参与者与系统在监护过程中需要完成的事务,是系统提供的一个功能的描述。用例由执行者激活,并且用例提供确切的值给参与者。一个用例表示的是系统中一个与特定执行者相关的、完整的功能在面向对象的系统分析与设计方法中,尽量不使用结构图描述其功能需求,单纯地使用用例图更能符合面向对象的概念。识别用例最好的方法就是从分析系统的参与者开始,考虑每个参与者是如何使用系统的。根据前面的需求分析,并结合下面的问题,可以粗略地找出系统用例。这些用例在后期的用例建模中会进行合并、优化、筛选。

从前面确定参与者的分析中可以较容易地知道在购物系统中的用例有:编辑账号、查看本人订单、查看购物车、从购物车删除产品、登录系统、加入购物车、结算、商品查询、新订单、修改购物数量、注册、注销登录、浏览商品类别、浏览商品详情、报表查询、订单处理、接收发货、库存查询、缺货查询、商品信息维护、销售查询、员工信息维护。

前面已经确定了参与者和用例,接下来应该根据已经建立的用例需求和客户业务需求来确定对象类及其属性和操作,并通过检查类的定义、问题分析的需求和运用该领域知识来完善和确定类的属性。

下面将电子商城购物系统中几个典型的对象类及其属性和操作的定义简介如下。

图 9-2　顾客类

1)顾客类

类名:顾客(Customer)。

属性:ID、用户名(username)、密码(psword)、邮箱(e-mail)、标签(postmark)。

操作:搜索商品()(searchGoods())、注册()(register())、修改信息()(modifyInformation)、购买商品()(buyGoods)、取消订单()(cancelOrder())、下订单()(makeOrder())、修改订单()(modifyOrder())、修改购物车信息()(modifyCart())、登录()(login())、退出登录()(logout())。如图 9-2 所示。

2)管理者类

类名:管理者(Manager)。

属性:ID、姓名(name)、密码(psword)、权限(popedom)。

操作:增加商品()(addGoods())、删除商品()(deleteGoods())、修改商品信息()(modifyGoods())、登录()(login())、注销登录()(logout())、维护用户信息()(updataUser())、维护员工信息()(updataWorker())、管理商品库存()(managerStock()),如图 9-3 所示。

3) 一般员工类

类名:一般员工(Worker)。

属性:ID、姓名(name)、密码(psword)、权限(popedom)。

操作:登录()(login())、注销登录()(logout())、客服对话()(chatCustomer())、库存查询()(observeStock())、接收发货()(receiveSetout())、缺货查询()(observeShort()),如图 9-4 所示。

图 9-3　管理者类

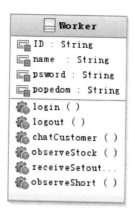

图 9-4　一般员工类

4) 产品类

类名:产品(Product)。

属性:产品号(productid)、名称(name)、描述(description)。

操作:设置产品号()(setproductid())、获取产品号()(getproductid())、设置产品类别号()(setcategoryid())、获取产品类别号()(getcategoryid())、设置名称()(setname())、获取名称()(getname())、设置描述()(setdescription())、获取描述()(getdescription()),如图 9-5 所示。

5) 产品类别类

类名:产品类别(category)。

属性:产品类别号(categoryid)、名称(name)、描述(description)。

图 9-5　产品类

操作:设置产品类别号()(setcategoryid())、获取产品类别号()(getcategoryid())、设置名称()(setname())、获取名称()(getname())、设置描述()(setdescription())、获取描述()(getdescription()),如图 9-6 所示。

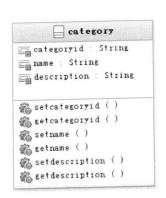

图 9-6　产品类别类

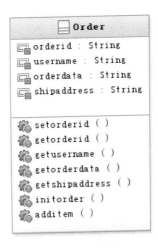

图 9-7　订单类

6）订单类

类名：订单（Order）。

属性：订单号（orderid）、用户名（username）、订单日期（orderdate）、收货地址（shipaddress）。

操作：设置订单号()（setorderid()）、获取订单号()（getorderid()）、获取用户名()（getusername()）、获取订单日期()（getorderdata()）、获取收货地址()（getshipaddress()）、初始化订单()（initorder()）、增加产品项目()（addItem()），如图 9-7 所示。

7）购物车类

类名：购物车（Cart）。

属性：货物名称（goodName）、货物号（number）、价格（price）、总价格（totleprice）。

操作：统计金额（calculateTotal）、增加产品项目（addItem）、删除产品项目（removeItembyId），如图 9-8 所示。

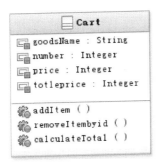

图 9-8　购物车类

图 9-9　货物库存类

8）货物库存类

类名：货物库存（stock）。

属性：货物名称（goodName）、货物号（number）、货物剩余量（remainder）。

操作:设置货物剩余量()(setRemainder())、获取货物剩余量()(getRemainder()),如图 9-9 所示。

由系统的需求和已经分析出的用例和参与者可以很容易地分析出系统的用例图。如图 9-10 所示为系统顾客的用例图。

在电子商城系统中有 3 个执行者,分别是顾客、管理者和一般员工。在这里将管理者和一般员工放入一个后台管理用例中,顾客参与系统顾客用例图。

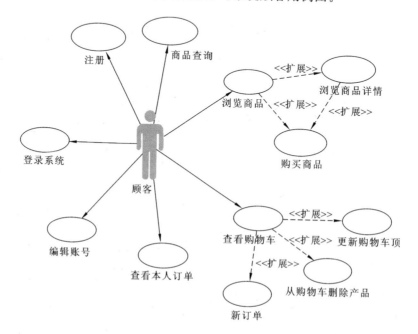

图 9-10　系统顾客的用例图

同样,系统的管理用例图如图 9-11 所示。

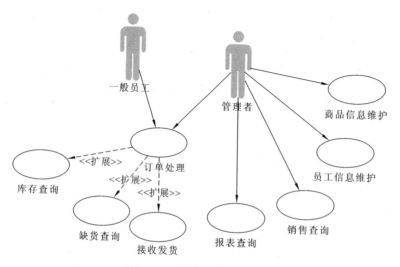

图 9-11　系统的管理用例图

在管理用例中,管理者和一般员工都需要进行订单处理,这里用到了用例之间的扩展关系。用例之间的关系在第3章的用例建模中已经介绍过,扩展只能发生在基用例的序列中的某个具体指定点上。在"订单处理"用例中,管理者和员工并不是简单地对每个订单进行相同的处理,而是要根据实际情况进行不同的订单处理步骤。

9.2.2　电子商城活动图

在建立用例模型的时候,活动图可以用来对业务流程进行建模;在分析设计阶段,也可以对某个分类器的行为进行(如不同对象之间的交互)建模。在用例建模阶段使用活动图是为了显示一个用例中的控制流和数据流。活动图是由操作节点和连接各个操作节点的控制流或者输出流节点组成的。

本节是在用活动图的第一种情况。在本节中介绍了检索商品的活动图、顾客注册活动图、商品放入购物车的活动图和下订单的活动图。

1. 检索商品

商品检索基本事件流如下。

(1) 顾客:在商品检索页面,输入商品检索条件,提交检索请求。

(2) 系统:在系统中检索与输入条件相符的商品数据。

(3) 系统:把检索条件相符的商品数据显示在页面上。

(4) 用例结束。

商品检索的活动图如图 9-12 所示。

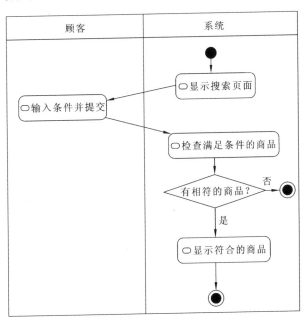

图 9-12　商品检索的活动图

2. 顾客注册

顾客注册基本事件流如下。

（1）顾客:在会员注册页面,输入用户编号、密码、用户姓名、电子邮件地址和联系电话等信息,提交注册请求。

（2）系统:对顾客的信息进行检查。

（3）系统:顾客的信息被系统保存。

（4）系统:显示注册完的页面,提示顾客注册成功。

（5）用例结束。

顾客注册的活动图如图 9-13 所示。

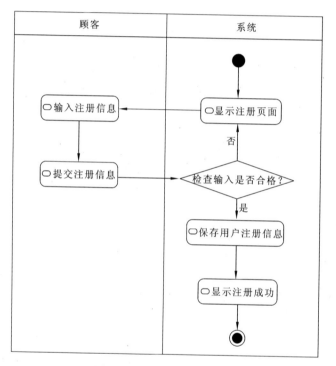

图 9-13 顾客注册的活动图

3. 商品放入购物车

商品放入购物车基本事件流如下。

（1）顾客:在商品详细页面,提交将该商品放入购物车的请求。

（2）系统:检查商品是否有效。

（3）系统:检查商品的库存数。

（4）系统:将商品放入购物车。

（5）系统:在购物车页面,显示顾客的购物车中的商品。

（6）用例结束。

商品放入购物车的活动图如图 9-14 所示。

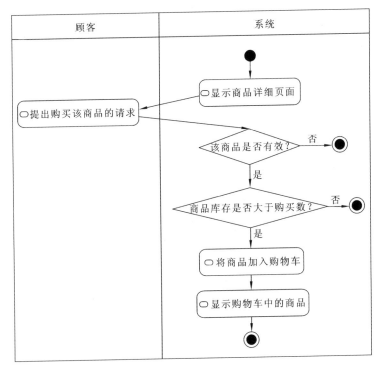

图 9-14 商品放入购物车的活动图

4. 下订单

下订单基本事件流如下。

（1）顾客：提交结账请求。

（2）系统：检查顾客的身份。

（3）系统：检查购物车中的商品。

（4）系统：显示配送地址指定页面。

（5）顾客：确定系统记录的配送地址或者更改原有的配送地址。

（6）系统：验证更改的配送地址的合法性。

（7）系统：更改系统记录的配送地址并显示支付方式，即货到付款和信用卡支付。

（8）顾客：选择某个支付方式，并输入相应的信息。

（9）系统：检查信息的合法性。

（10）系统：显示根据优惠规则，计算出折扣金额；显示顾客订单中的商品信息、付款金额、折扣金额、商品配送的地址、付款方式。

（11）顾客：在订单确认页面，确认订单的内容，提交下单。

（12）系统：显示用户订单提交成功并将订单数据存入系统。

（13）用例结束。

下订单的活动图如图 9-15 所示。

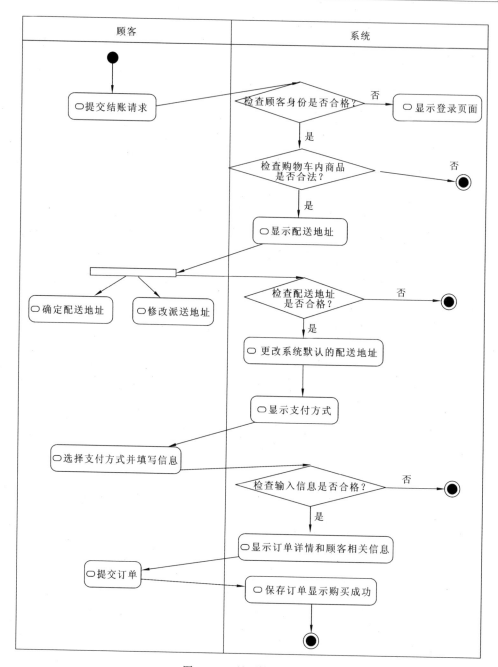

图 9-15　下订单的活动图

9.3　电子商城分析阶段——分析模型

进行系统需求分析之后,系统分析就是实现系统的第一步,其目的是在比较高和抽象的层次上帮助理清需求和设计。分析模型关心的是系统如何实现,可以认为分析模型是一个临时的工作产品,它会在设计阶段变得更加成熟。分析模型是概念上的抽象分析,它并没有和具体的设计模型绑定。维护分析模型的独立性主要有两方面的理由:一方面是系统可能是给多种目标环境设计的,因此设计架构可能是独立的,在这种情况下,分析模型是独立的,它能被改造成与系统相关的设计模型;另一方面是设计模型比较复杂,因此一个简单、抽象的分析模型更加容易理解。其实,在面向对象的软件工程开发流程中分析和设计阶段并没有明显的界限。

在为系统或者应用程序确定了用例并且在用例模型中定义了这些用例以后,接下来要做的事情就是通过描述系统的结构实现这些用例。在这个阶段中,需要分析应用领域并且找出系统的领域需求,阶段成果就是一个抽象级别比较高的模型,这个模型描述该系统怎么被逻辑地创建起来。静态的类图和动态的描述系统活动状态的顺序图是常用的建模手段。

9.3.1　电子商城类图

类图是显示一组类、接口、协作和它们之间关系的图,它用来描述软件系统的静态结构,同时它也是系统分析员使用最多的 UML 图之一。类图是搭建一个系统的蓝图,是定义其他图的基础。在类图的基础上可以对系统的其他属性进行进一步分析。

在本章中就电子商务系统给出了两个类图。

图 9-16 所示的类图具有继承的关系,Person 类是所有类的父类,它的属性包括用于标示不同身份人的 ID、姓名和地址。它的方法包括根据 ID 搜索,根据姓名搜索,设置某人的姓名,地址等。

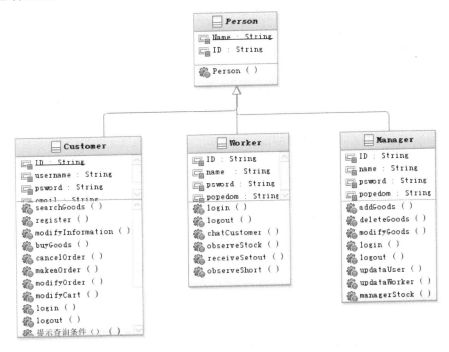

图 9-16　参与者的类图

Customer、Worker、Manager 继承了父类 Person 的方法和属性,并添加了自己的方法和属性,如 psword 表示登录密码等。

上面介绍了参与者之间的类图,接着看系统类图。系统类图如图 9-17 所示。在该类图中一个顾客可以拥有一个购物车,拥有多个订单,因此顾客和购物车与订单之间的关联分别为一对一和一对多;一个客服可以处理多个订单,并且可以查询多个商品的库存,客服和库存和订单之间的关联都是一对多;购物车中可以有多个商品,并且可以有同一个商品的不同类别商品,购物车和商品与商品类别之间是一对多的关系;一个订单可以有多个数量的商品;一个商品的库存数可以为零到多个;一个商品可以有多个商品类别。

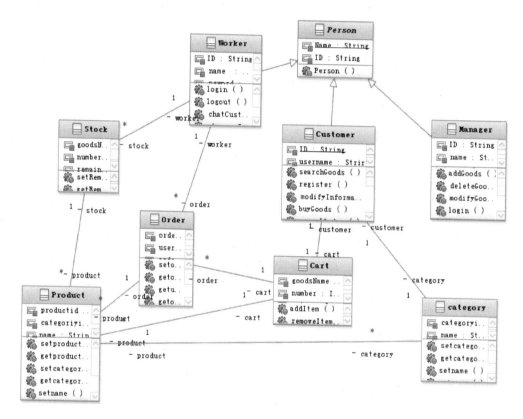

图 9-17　系统类图

9.3.2　电子商城顺序图

顺序图可描述几个对象间的动态协作关系,它非常直观地展示了对象之间传递消息的时间顺序。反映了系统执行过程中某个特定时刻发生的事情。在系统分析时,可对主要对象类绘制顺序图,以便分析系统的行为,验证和修改系统的静态结构,满足用户的需求,达到系统的目标。

顾客首先使用自己的帐号和密码登录系统,登录模块会将客户的 ID 保存在系统缓存中,并提交给商品查询模块。商品查询模块提示客户输入查询条件,客户输入适当的查询条件后,查询模块将显示商品列表。客户得到商品列表后,提交自己想要购买的商品 ID,订购模块得到商品 ID。生成订单并提交给数据库模块进行保存,保存成功后,提示用户订购商品成功。顾客订购的顺序图如图 9-18 所示。

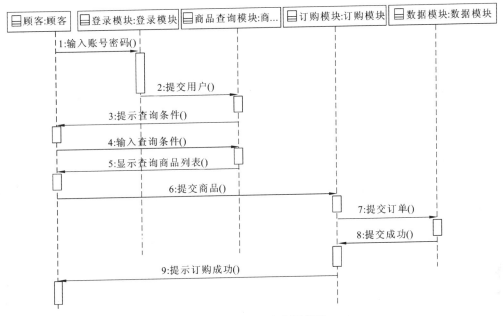

图 9-18 顾客订购的顺序图

管理员使用其帐号和密码登录后,登录模块会将管理员的 ID 保存在系统缓存中并提交给订单处理模块。订单处理模块提交给管理员未处理的列表,管理员提交某商品的 ID 得到该商品的库存情况,如果库存充足则接收订单,并把接收信息提交给数据模块,数据模块更新该客户的订单信息并返回成功信息给订单处理模块,订单处理模块提示该操作成功。管理员处理订单的顺序图如图 9-19 所示。

客户在提交订单后可以对订单进行维护。顾客首先输入自己的帐号和密码登录系统,登录模块会将客户的 ID 保存在系统缓存中,并提交给订单查询模块。订单查询模块会显示当前所有的订单,顾客得到该列表后,选择要删除商品的 ID,订单处理模块把删除信息提交给数据模块,数据模块保存信息。订单处理提示用户删除成功。客户删除订单的顺序图如图 9-20 所示。

9.3.3 电子商城协作图

前面已经讲到协作图和顺序图都可以用来描述系统对象之间的交互。顺序图强调一组对象之间操作调用的时间顺序,协作图则强调这组对象之间的关系。协作图中包含一组对象及其相互间的关联,通过关联传递的消息描述组成系统的各个成分之间如何协作来实现系统的行为。

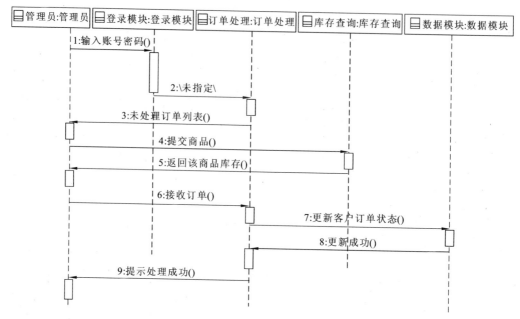

图 9-19　管理员处理订单的顺序图

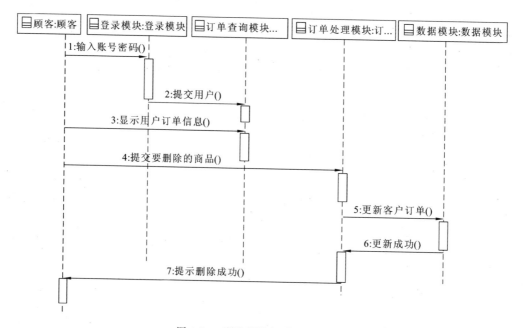

图 9-20　顾客删除订单的顺序图

与上面讲的电子商城顺序图一样,在这里主要介绍顾客订购协作图、顾客删除订单协作图和管理员处理订单协作图。

（1）顾客订购协作图

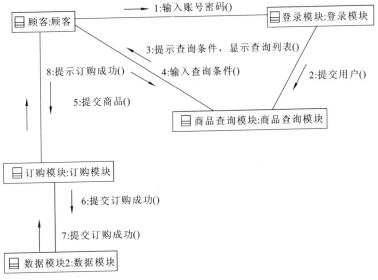

图 9-21　顾客订购协作图

（2）顾客删除订单协作图

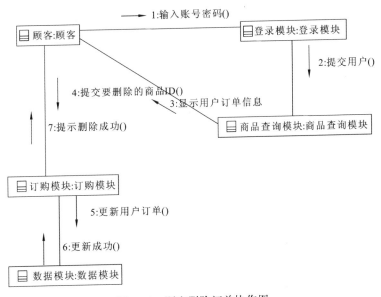

图 9-22　顾客删除订单协作图

（3）管理员处理订单协作图

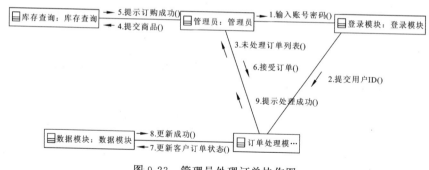

图 9-23　管理员处理订单协作图

9.4　电子商城设计阶段——设计模型

设计模型用来文档化软件系统的设计，它作为实现模型的输入，影响软件开发生命周期中的后续活动。设计模型中的类、包和子系统将被映射为实现模型中的实现类、文件、包和子系统。在设计模型中必须对系统进行足够的定义，这样以后的实现模型才能正确地实现这个系统。

设计模型的详细程度取决于特定的系统。例如，对于一个小型系统，设计模型可能比较简单，它只让开发人员对系统的实现思路有一个大致的了解就可以了。相反，对于大型的、复杂的应用系统，它们的设计模型就应该非常详细，并且这些设计模型需要像代码一样进行精心的维护。详细设计模型会对每个子系统的内部进行设计。

在设计模型中，一般会包含这些 UML 图：一些状态图，它们用来对类的动态行为建模；一些组件图，它们用来描述系统的软件构架；还有一些部署图，它们用来描述系统的物理构架。

9.4.1　电子商城状态图

状态图表现一个对象的生命历程。对于一些实现重要行为动作的对象，应当绘制状态图。对于电子商城系统，订单状态的分析显得尤为重要，因此要分别找出订单的不同状态序列和引起状态迁移的事件，绘制状态图。

当用户对商品进行搜索并且决定购买前，要向系统提交订单。在提交订单时会因不同的情况而产生不同的处理结果。中间订单的状态也会不同。

（1）用户提交订单，此时会产生一个新的订单。

（2）商品管理者在处理订单时首先要查看该商品库存是否能够满足用户的需要。如果该商品的库存数大于用户所需数量则该订单就会处于可用的状态；如果库存数小于用户所需数量，则订单就会处于被退回的状态，用户不能由此订单正常购买该商品。

（3）当订单处于被退回的状态时，如果用户减少订购商品数量或管理者增加商品库存，那么订单将处于可用的状态。

（4）在订单处于可用的状态时，订单之后的状态会发生并发迁移。那么用户可能取消订单，也可能准备付款。当用户取消订单时，订单就会处于取消的状态并结束；当用户付款时，订单会由可用的状态处于付款的状态。

（5）当用户付款成功后，订单就会处于成功交易的状态，之后完成交易并结束。

订单状态图如图 9-24 所示。

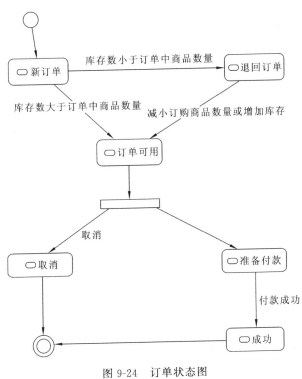

图 9-24　订单状态图

9.4.2　电子商城构件图

构件图描述构件及其之间的相互依赖，构件是逻辑体系结构中定义的概念和功能在物理体系结构中的实现。在 UML 中对一个系统的构件和构件图建模就是在物理结构上建模。每一个构件图只是静态视图的某一个图形表示，描述系统的某一个侧面。电子商城图如图 9-25 所示。

9.4.3　电子商城配置图

配置图可以显示节点和它们之间的必要连接，也可以显示这些连接的类型，还可以显示组件和组件之间的依赖关系，但是每个组件必须存在于某些节点上。

配置图用于对系统的实现视图建模。绘制这些视图主要是为了描述系统中各个物理组成部分的分布、提交和安装过程。在实际应用中，并不是每一个软件开发项目都必须绘制配置图。如果项目开发组所开发的软件系统只需要运行于一台计算机并且只需使用此计算机上已经由操作系统管理的标准设备，这种情况下就没有必要绘制配置图了。另一

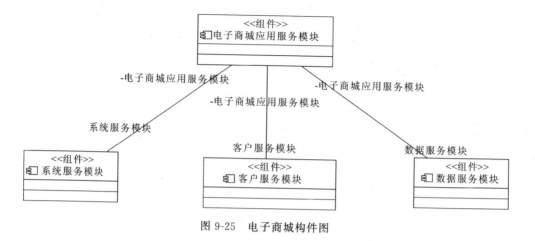

图 9-25   电子商城构件图

方面,如果项目开发组所开发的软件系统需要使用操作系统管理以外的设备(如数码相机、路由器等)、或者系统中的设备分布在多个处理器上,这时就有必要绘制配置图,用其来帮助开发人员理解系统中软件和硬件的映射关系。如图 9-26 所示为电子商城系统的配置图。

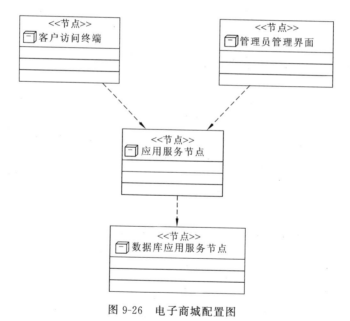

图 9-26   电子商城配置图

9.5   本章小结

电子商城给人们的生活带来了方便,本章主要介绍了电子商城系统的分析建模过程。建模的过程主要分为需求阶段——创建用例模型、分析阶段——创建分析模型和设计阶段——创建设计模型。

在需求阶段的用例模型描述了一个系统的功能需求,它主要包括系统要实现的功能

（用例）、环境（参与者）及用例和参与者之间的关系。用例模型中可以包含用例图和活动图。用例图中可以包含事件流的文字说明，以及参与者和系统之间的交互信息等；活动图表示比较复杂的用例中的事件流。在电子商城系统中利用活动图描述了检索商品、顾客注册、商品加入购物车和下订单的事件流。

在设计阶段创建设计模型的目的就是在比较高和抽象的层次上帮助理清需求和设计。分析模型关心的是系统是如何被实现的，可以认为分析模型是一个临时的工作产品，它会在设计阶段变得更加成熟。分析模型是概念上的抽象分析，分析模型中包含类图、顺序图、协作图。静态的类图和动态的描述系统活动状态的顺序图是常用的建模手段。

设计模型用来文档化软件系统的设计，设计模型中的类、包和子系统将被映射为实现模型中的实现类、文件、包和子系统。在设计模型中包含状态图、构件图和部署图。状态图用来对类的动态行为建模；构件图用来描述系统的软件构架；部署图用来描述系统的物理构架。

第 10 章 RSA 系统建模

10.1 RSA 简介

许多 CASE 工具都在不同层次上提供了对 UML 建模的支持。在这些工具中，IBM 公司的 Rational 系列工具占据了主导地位。接下来将介绍 IBM 的可视化建模工具 IBM Rational Software Architect(IBM RSA)的使用方法。

10.1.1 RSA 概述

建模是指创建现实世界实体或概念的近似表示。模型可以在抽象级别上反映业务领域或所建模系统的各方面，同时与建模完毕的系统相比，模型的构造和研究成本都较低，因此能够降低相关的风险和成本。

自 UML 规范公布以来，各式各样的 UML 建模工具如雨后春笋一般被开发出来，这些工具中绝大多数都是基于各自的集成开发环境推出的 UML 建模工具，对于大多数初学者，耳熟能详且又容易上手练习的 UML 工具无非就是 Rational Rose 和微软的 Visio UML 建模工具包。RSA 就是近几年出现的一种建模工具。

IBM RSA 是 IBM 软件开发平台的一部分，是 IBM 在 2003 年 2 月并购 Rational 以来，首次发布的 Rational 产品。IBM RSA 允许架构师设计和维护应用程序的架构，它是 IBM 提供的一个集成开发平台，包括 Rational Application Developer, Rational Web Developer 和 Rational Software Modeler 等工具，不仅可以让开发人员进行基于 Eclipse 3.0 架构的各种应用程序的开发和基于 Web 的程序开发，还可以对待构建的软件结构进行建模。

RSA 延续着 IBM 对于开放系统的支持。Eclipse 是前几年 IBM 投入一千多万美金专门开发的新一代集成开发环境。后来 IBM 为了更好地推广 Eclipse 项目，把这个项目无偿捐献给开源社区。RSA 就是基于 Eclipse 的。

10.1.2 RSA 安装

1. Installation Manager

对于 RSA 的较高版本，IBM 创建了新的产品安装程序 Installation Manager，它拥有新的界面，简化了安装过程。新的安装过程可以灵活地利用已经安装在机器上的 Eclipse 的先前版本，并且用户可以更容易地选择希望安装的 RSA 新版本的特性。

在 RSA 的安装软件包中找到 Installation Manager 的 图标进行 Installation Manage 的安装。图 10-1 展示了 Installation Manager 界面。

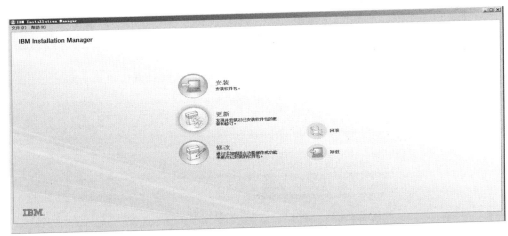

图 10-1　Installation Manager 界面

2. RSA 的安装

在经过 Installation Manager 的安装后,点击 Installation Manager 界面(如图 10-1 所示)的【安装】,会进入安装程序,安装界面如图 10-2 所示。

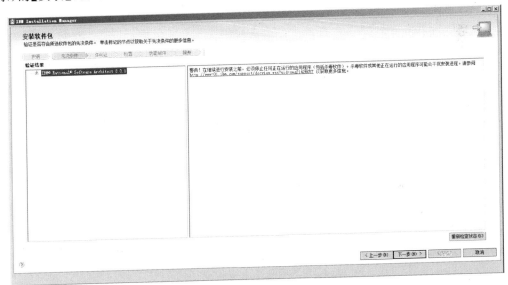

图 10-2　安装界面

选择 IBM Rational Software Architect Standard Edition,单击【下一步】按钮进入 RSA 许可协议说明界面,如图 10-3 所示。

选择接受条款,单击【下一步】按钮,进入共享资源位置选择界面,如图 10-4 所示。

选择共享资源安装的位置,单击【下一步】按钮,进入软件包组安装位置选择页面,选择安装位置之后,单击【下一步】进入语言选择界面,如图 10-5 所示。

单击【下一步】按钮,进入 RSA 功能部件定制界面,选择开始安装界面,如图 10-6 所示。

点击【下一步】按钮,进入软件包配置界面,点击【下一步】,进入摘要显示页面,点击【安

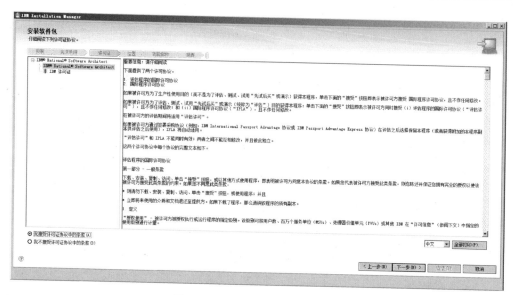

图 10-3　RSA 许可协议说明界面

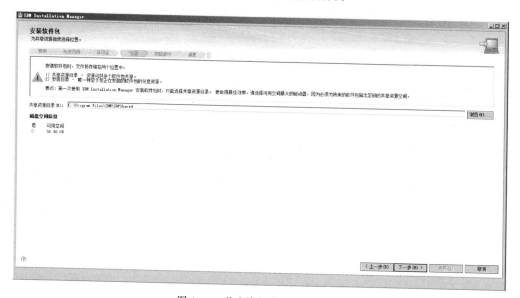

图 10-4　共享资源位置选择界面

装】。在安装过程中会出现如图 10-7 所示的界面,根据提示选择好磁盘位置,点击【确定】。安装完成之后,显示成功安装信息,点击【完成】按钮。

3. RSA 的界面介绍

启动 IBM Rational Software Architect 后,进入工作空间选择对话框,如图 10-8 所示,使用默认工作空间或者单击【浏览】按钮,选择所需的工作空间目录。可以通过选中【将此值用作缺省值并且不再询问】,将选择的工作空间设置为默认值,在下次启动时将跳过上面的工作空间选择对话框。单击【确定】按钮,弹出装入工作台对话框,如图 10-9 所示的启动界面。

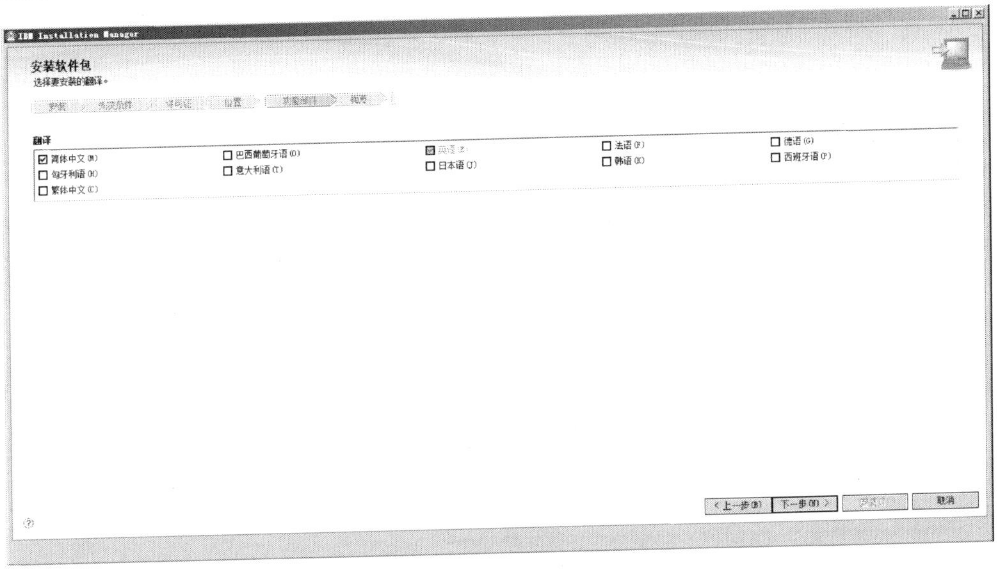

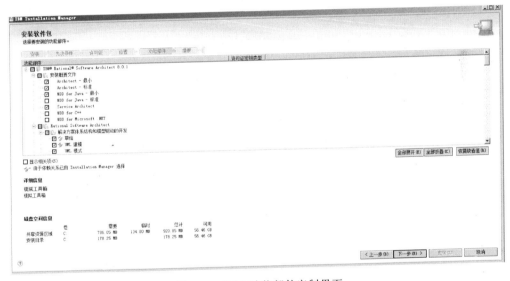

图 10-5　语言选择界面

图 10-6　RSA 功能部件定制界面

　　进入如图 10-9 所示的启动界面，在启动界面消失以后，进入 RSA 的主界面，如图 10-10 所示。由图 10-10 可以看到，RSA 的主界面由标题栏、菜单栏、工具栏和工作区组成。默认的工作区由三部分组成，左侧是资源管理器和大纲视图区，右侧是编辑区，下方是属性和状态视图。

　　资源管理区如图 10-11 所示，资源管理器以"树"的形式显示了项目的所有图和模型，通过双击每一个节点就可以打开资源对应的编辑器。当一张图包含的模型元素比较多的时候，往往只能在编辑器中显示图的一部分。大纲视图能够将图缩小，使开发人员可以看到图的全貌，大纲视图区如图 10-12 所示。

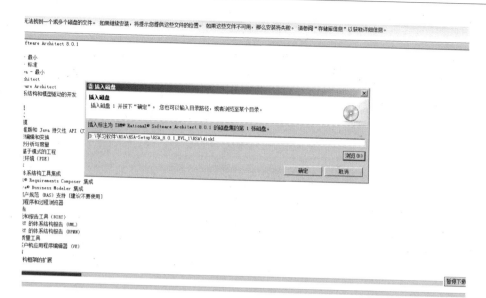

图 10-7　选择安装包磁盘路径

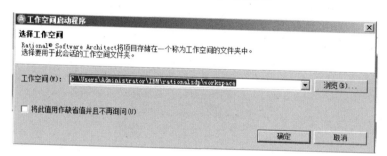

图 10-8　工作空间选择对话框

图 10-9　启动界面

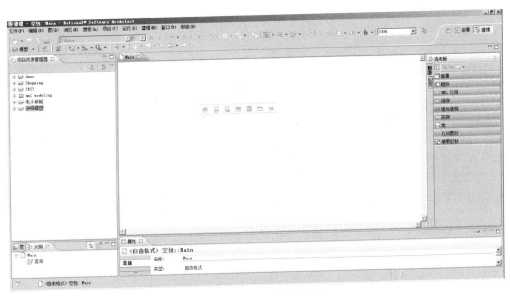

图 10-10　RSA 的主界面

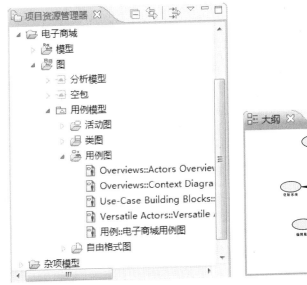

图 10-11　资源管理区

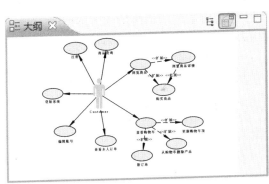

图 10-12　大纲视图区

　　在编辑区可以打开模型中的任意一张图,并利用右边的工具栏对图进行修改和浏览。修改图中的模型元素时,RSA 会自动更新视图。同样,通过视图改变元素时,RSA 也会自动修改相应的图。这样就可以保证模型的一致性,编辑区如图 10-13 所示。属性视图区显示了被选定元素的属性。元素的所有可用属性分成了若干组,每组属性位于一个标签中,方便用户查找。用户可以直接通过属性视图修改模型元素,这种改动也会被自动同步反映到模型中,属性视图区如图 10-14 所示。

　　下面将以网上购物系统为例子,详细介绍使用 RSA 进行系统建模的过程。

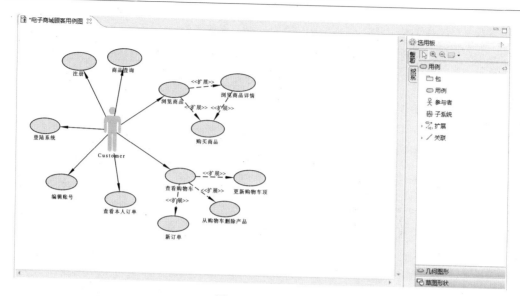

图 10-13　编辑区

图 10-14　属性视图区

10.2　创建模型项目

　　选择【文件】→【新建】→【模型项目】,弹出如图 10-15 所示的对话框。输入项目名称"电子商城",点击【下一步】按钮。

　　在"类别"列表中选择"常规",在"模板"列表中选择"空包",如图 10-16 所示。在这里,可以继续点击【下一步】按钮,也可以直接点击【完成】按钮。

　　类别列表主要由 4 个常用模板列表组成,它们是常规、分析和设计、需求以及业务建模。其中,常规列表包含了一些简化的 UML 模板,这些模板经常被开发人员使用到;需求列表包含了系统需求分析所使用到的模板;分析和设计列表包含了软件分析和设计阶段所使用到的 UML 模板;业务建模列表包含了进行业务流程建模所需的模板。

　　此时一个电子商城项目已经创建成功,弹出系统主界面,如图 10-17 所示。

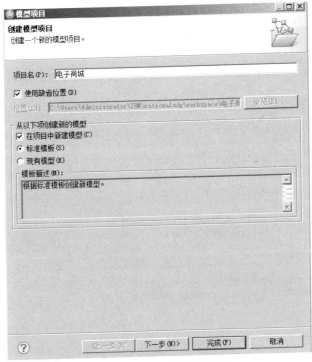

图 10-15　模型项目的创建

10.3　创建系统用例模型

用例模型用来描述目标系统的功能需求,它将用户和开发人员之间的契约以模型的方式加以说明。这一节介绍在业务需求阶段生成的 UML 元素,它们分别是用例图和活动图。在画这些图之前,在 RSA 中需要建立一个用例模型。

下面为电子商城系统创建一个用例模型。

在项目资源管理器中,右键选择“电子商城”项目,在弹出的右键菜单中选择【新建】→【UML 模型】命令。

在弹出的对话框中,在“从以下项创建新的模型”的单选框中选择“标准模板”,单击【下一步】按钮。弹出如图 10-18 所示的对话框。

在“类别”列表中选择“需求”,并在右边“模板”列表中选择“用例包”,文件名中输入“用例模型”,“目标文件夹”选择默认的“电子商城”。然后点击【完成】按钮。就创建好了用例模型的模板。

在项目资源管理器中,电子商城项目下就生成了许多自动创建模型元素的模板。如图 10-19 所示。

下面介绍用例模型包含的内容。

(1)≪透视图≫cverviews。

这个包提供了对当前用例模型的整体概览。默认情况下它包含两个图:actors

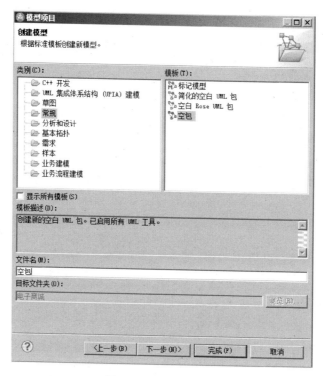

图 10-16　空包的创建

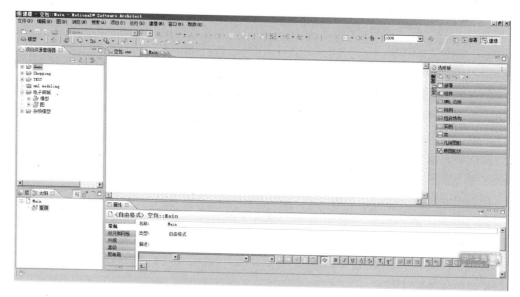

图 10-17　系统主界面

overview(参与者概览)图和 context diagram(语境概览)图。

其中,参与者概览图包含了当前用例模型中的参与者。如果参与者的数目不是很大,可以把所有的参与者都包括进来;如果参与者数目过大,可以选择性地放一些比较重要的参与者。语境概览图包含了当前用例模型中最核心的用例。和参与者概览图一样,可以根据实际情况选择性地放入相关用例。

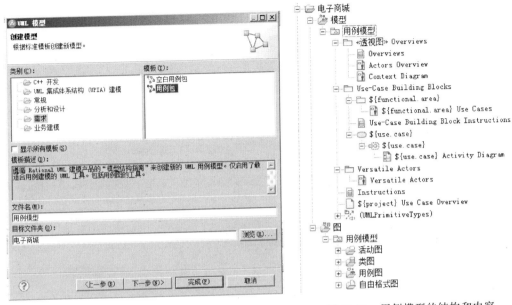

图 10-18 创建用例包

图 10-19 用例模型的结构和内容

(2) use-case building block 包。

这里包含了一些通用的、可以重复使用的模板,通过复制和修改这些模板,用户可以快速创建自己的模型元素。这个包有两个字元素:${function.area}和${use.case}。

${function.area}包的作用主要是将模型中所有的用例按功能进行分组,每个包可以包含功能上相互关联的若干用例。对于小型项目,如果项目比较简单并且用例数量不多,就不必进行分组。同样对于比较重要的用例可能需要使用活动图对它进行更详细的描述。这样通过复制${use.case},可以迅速创建这样的用例相相关的 UML 元素,这样可以提高用户的工作效率。

(3) versatile actors 包。

一般情况下,用例的参与者都位于自己的用例包中。但是,一个参与者可能同时参与了多个用例,这样的参与者称为 versatile actors(多用途参与者),它们被提取出来存放在这个包中。

10.3.1 创建用例图

在第 9 章已经对电子商城系统的用例进行了详细介绍。

1) 用例图的添加

用例图中的每个用例都用一个名字来标识,这个名字概括了这个用例的功能。用例图包含了系统、参与者,以及系统和参与者之间关系的详细信息。右键"用例模型"包,选择【添加 UML】→【包】,将新建的包命名为用例,用来存储项目所有用例,如图

10-20 所示。右键"用例",选择【添加图】→【用例图】,命名为电子商城用例图。如图
10-21 所示。

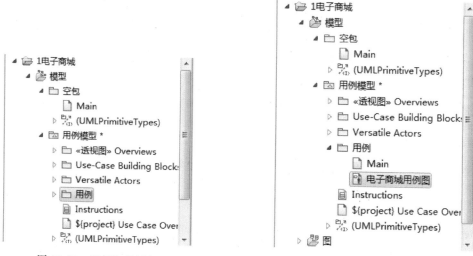

图 10-20　用例包的添加　　　　　　　　　图 10-21　用例图的添加

2）参与者的添加

添加用例的参与者,右键单击【Versatile Actors】包,选择【添加 UML】→【参与者】命
令,输入参与者名字。参与者的创建如图 10-22 所示。

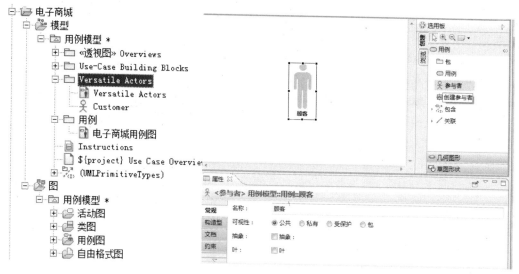

图 10-22　参与者的创建

另一个添加用例的方法就是直接在选用板中选择"参与者",然后在编辑区的空白区
域点击,用例就出现了,最后对创建的参与者进行属性编辑后就完成了参与者的添加。

下面首先来介绍如何创建一个用例。

3）用例的创建

创建一个用例有两种方法：一种是在待创建用例的包中右击，选择"添加 UML"，下一级菜单中选择"用例"；另一种是打开一个已经创建好的用例图，在右边的"选用板"视图，点击"用例"抽取器，选择"用例"，如图 10-23 所示。

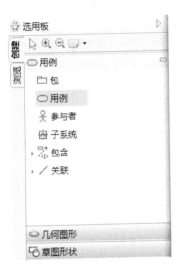

图 10-23　用例图标的选择

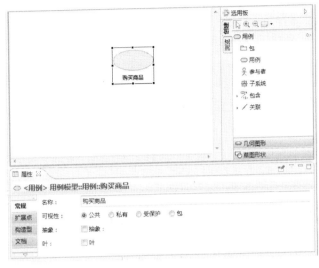

图 10-24　用例的创建

编辑区下是属性区。可以在属性区改变用例的属性。例如，在图 10-24 中通过将属性区中名称改为"顾客"来对用例进行命名。同样，用例的文档说明、扩展和构造型都可以在该区进行编写。

通过同样的方法可以创建系统中其他的用例，如图 10-25 所示。

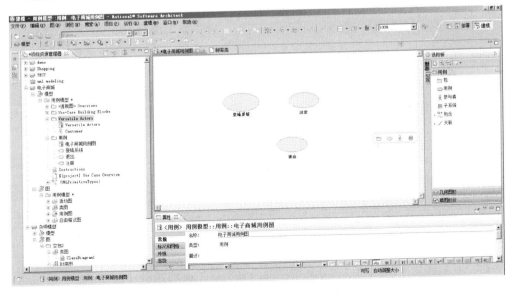

图 10-25　添加用例的编辑界面

当想要改变用例名称的字体等外观时,可在属性区中选择外观来进行属性的更改。如图 10-26 所示。类似的,其他参与者、关系的外观都可以这样改。

图 10-26　用例属性外观的改写

4）关系的建立

在用例与参与者之间建立关联关系,步骤如下:单击选用板定向关联图标,然后先点击参与者,再将它拖到要建立关联的用例上,如图 10-27 所示。

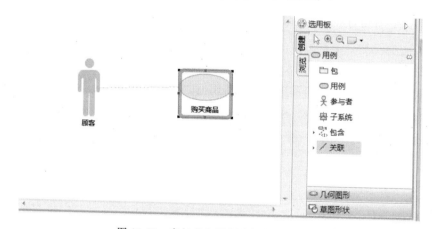

图 10-27　参与者和用例之间的关联建立

介绍了参与者和用例之间的关联创建之后,接下来介绍用例之间的关系。用例之间的关系是用例图中的重要部分。用例中的关系包括扩展关系、包含关系和泛化关系。在 RSA 中,用例之间的创建可以通过在选用板中选择对象的图标来实现。如图 10-27 所示。下面就在电子商城用例图中用到的扩展关系对用例关系建立的步骤进行说明。

由于查看购物车的同时可以对其中的商品订购产生新的订单,所以需要对"查看购物车"用例添加扩展,步骤如下:单击选用板中的扩展图标,接着点击查看购物车用例,再将箭头拖向新订单用例,如图 10-28 所示。

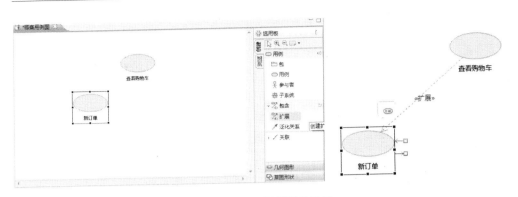

图 10-28　用例间的扩展

Customer 的最终用例图如图 10-29 所示。

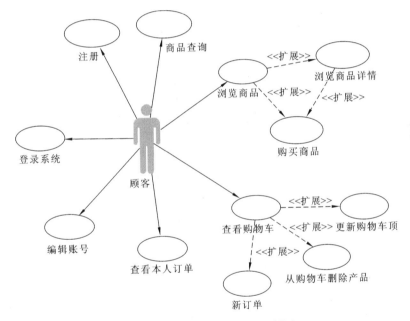

图 10-29　Customer 的最终用例图

10.3.2　创建活动图

本节将以商品放入购物车的活动图为例,详细介绍活动图的绘制过程。具体步骤如下:右键"加入购物车",选择【添加图】→【活动图】命令,如图 10-30 所示。

将活动图命名为加入购物车活动图,打开活动图编辑器和选用板。如图 10-31 所示。

首先根据用例的参与者确定活动中的活动分区,活动分区和其他活动图中的图标如图 10-32 所示。在加入购物车这个用例中,设计到的参与者是 Customer(顾客),于是活动分区是 Customer 和系统本身。单击选用板中的分区图标,然后单击活动图编辑器,如图 10-33 所示将新建的活动分区命名为 Customer,以同样的步骤添加另一个活动分区,

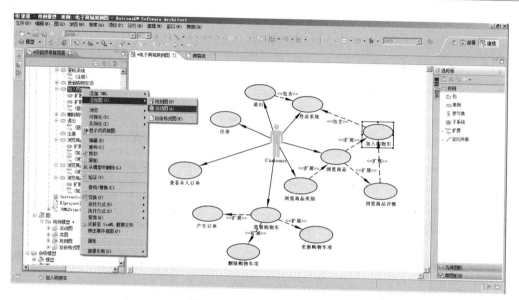

图 10-30　添加活动图界面

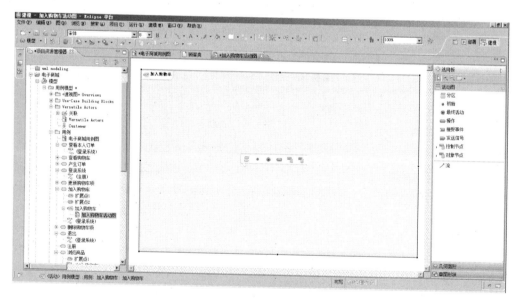

图 10-31　活动图编辑界面

命名为 System。

　　然后向活动图中添加初始和终止状态。和向活动图编辑器中添加分区类似:单击选用板中的初始状态图标,根据加入购物车的活动图,将它在 System 的分区中单击。终止状态的添加同初始状态的添加过程一样。添加后如图 10-34 所示。

　　系统向客户显示商品的详细页面,然后客户提交"购买该商品"的请求。在 RSA 中,活动操作图标由一个四圆角的类椭圆表示。在图中添加"购买该商品"操作时步骤为:单击活动图选用板"操作",在编辑区分区的合适位置点击。可通过双击操作图标进行操作名称的修改,也可以通过编辑区下的属性区进行相应属性的修改。如图 10-35 所示。

图 10-32　活动图选用板　　　　　　　　　　图 10-33　活动图分区的添加

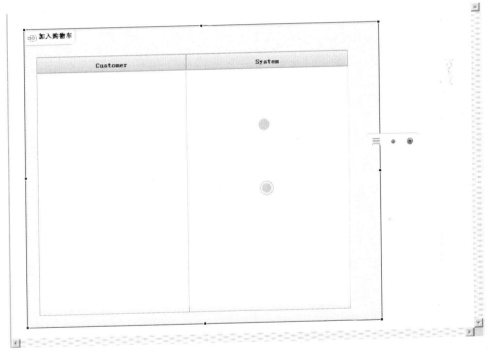

图 10-34　活动图起止状态的添加

　　添加好操作后,在 RSA 中用流的图符表示活动图中的操作流。步骤:点击选用板中的"流"图标,如图 10-36 所示,点击初始状态图标,接下来将箭头拖向"显示商品详情"操作并点击该操作,如图 10-37 所示。

　　之后系统将检查该商品是否有效,如果失效,则退出系统,如果有效,则检查商品库存数是否大于购买数,如果库存不够则退出系统。这里要用到决策。如图 10-38 所

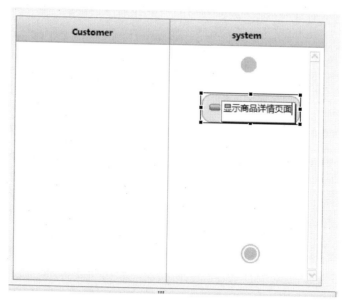

图 10-35　活动操作的添加

示。点击"决策"并拖动到合适的位置,和改变操作的名称一样,将决策条件写入。接着是将判定流加入:分别点击"流"图符,接着点击"商品是否有效"决策的判定角,将流箭头指向下一步。如图 10-39 所示。在 RSA 中,合并、派生和连接的使用和决策的使用方法类似。

图 10-36　流图标

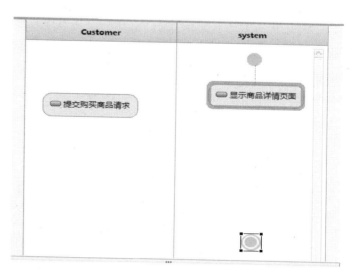

图 10-37　流的添加

　　如果库存足够,就将商品加入购物车,然后显示购物车中的商品,加入购物车成功。"商品放入购物车"活动图如图 10-40 所示。

图 10-38　控制节点

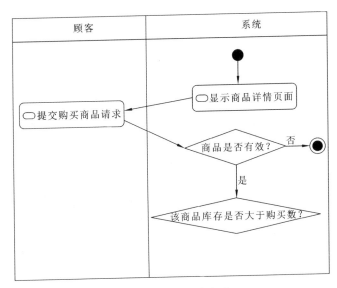

图 10-39　决策的表示

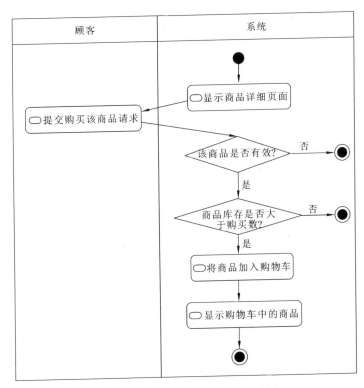

图 10-40　"商品放入购物车"活动图

10.4　创建系统分析模型

　　分析模型通常包含类图,在类图中画出分析出来的类,这些类以边界类、实体类和控制类区分职责。分析模型中还可以包含用例实现,它指的是利用 UML 的顺序图来动态描述用例中的事件流。

　　下面使用 RSA 为电子商城创建一个分析模型。分析模型的创建和用例模型的创建类似。步骤如下:在资源管理器中右键单击电子商城项目,选择【新建】→【创建 UML 模型】命令,在弹出的对话框中,在【从以下创建新的模型】列表中选择【标准模板】,单击【下一步】,在接下来的对话框中,选中【类别】列表框中的【分析和设计】,同时在【模板】列表框中选择【RUP 分析包】。然后在文件名中输入模型的名字,输入“分析模型”,如图 10-41 所示。

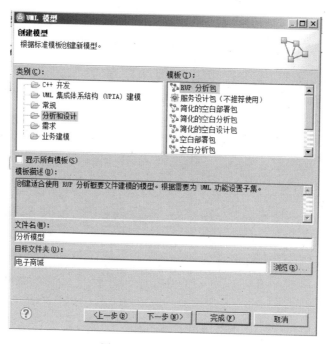

图 10-41　创建分析模型

　　完成上述步骤后,成功生成了设计模型,出现如图 10-42 所示的分析模型介绍。

　　在“项目资源管理器”中,“电子商城”项目下自动生成了许多自动创建模型元素的模板。如图 10-43 所示。

　　在分析模型的模板中包含的模型元素有《透视图》overviews、《modelLibrary》analysis building blocks(分析构件)包。

　　(1)《透视图》overviews。

　　这个包提供了对当前分析模型的整体概览。默认情况下它包含 4 个图:domain model 图、key abstration 图、key controller 图和 UI 图。

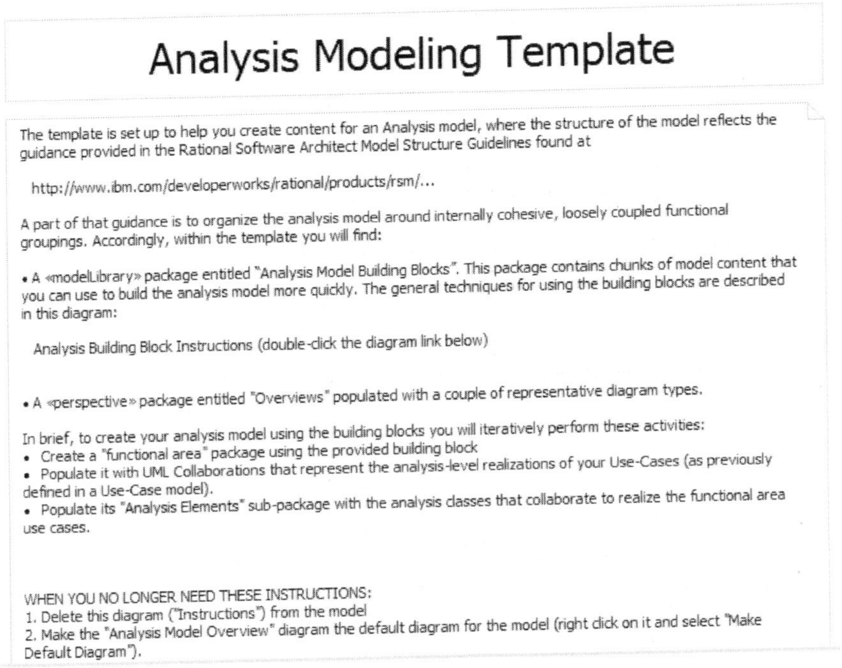

Analysis Modeling Template

The template is set up to help you create content for an Analysis model, where the structure of the model reflects the guidance provided in the Rational Software Architect Model Structure Guidelines found at

　　http://www.ibm.com/developerworks/rational/products/rsm/...

A part of that guidance is to organize the analysis model around internally cohesive, loosely coupled functional groupings. Accordingly, within the template you will find:

• A «modelLibrary» package entitled "Analysis Model Building Blocks". This package contains chunks of model content that you can use to build the analysis model more quickly. The general techniques for using the building blocks are described in this diagram:

　　Analysis Building Block Instructions (double-click the diagram link below)

• A «perspective» package entitled "Overviews" populated with a couple of representative diagram types.

In brief, to create your analysis model using the building blocks you will iteratively perform these activities:
• Create a "functional area" package using the provided building block
• Populate it with UML Collaborations that represent the analysis-level realizations of your Use-Cases (as previously defined in a Use-Case model).
• Populate its "Analysis Elements" sub-package with the analysis classes that collaborate to realize the functional area use cases.

WHEN YOU NO LONGER NEED THESE INSTRUCTIONS:
1. Delete this diagram ("Instructions") from the model
2. Make the "Analysis Model Overview" diagram the default diagram for the model (right click on it and select "Make Default Diagram").

图 10-42　分析模型介绍

其中，domain model 图包含了当前分析模型中的实体类。系统实现中往往有作为被操作对象的事物，这些事物在分析阶段被抽象为实体类；key abstraction 图包含了系统中非常重要的分析类，这些类对描述系统构架有帮助；key controller 图包含了所有的控制类。控制类对用例中的消息理解和转发进行建模；UI 图包含了所有的边界类。这些类是系统内部和系统外部进行交互的接口，可以根据边界类来确定系统界面的设计。

（2）≪modelLibrary≫analysis building blocks（分析构件）包。

这里包含了一些通用的、可以复制到分析模型中的模型元素。通过复制和修改这些模板，用户可以快速创建自己的模型。这个包有两个子元素：$\{function,area\}$ 和 $\{use.case\}$。

其中，$\{function,area\}$ 包中包含了一个类图，它的作用主要是将模型中所有的分类按功能进行分组，每个包可以包含功能上相互关联的若干分析类。对于小型项目，如果项目比较简单而且分析类数量不多，则不必进行分组。$\{use.case\}$ 包以用例模型中用例的名字命名，它是对应用例的实现，通常使用虚线椭圆来表示用例实现。一般可以通过类图和顺序图具体描述用例中各个类之间的协作，从而说明用例的实现。使用这个模板，用户可以方便快捷地创建自己的用例实现。

10.4.1　创建类图

类图的设计是系统的最核心部分，本节将详细介绍电子商城系统的类图设计。

右键分析模型，在右键菜单中选择【添加 UML】→【包】命令，并将包命名为类图包，右键类图包，选择【添加图】→【类图】命令，并将其命名为顾客和管理员类图，双击打开类

图 10-43　分析模型的组织

图编辑器,如图 10-44 所示。

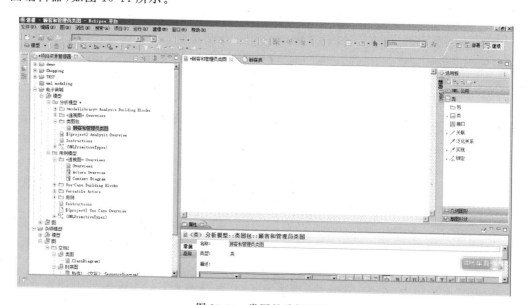

图 10-44　类图的编辑界面

鼠标单击选用板中【类】图标,在类图编辑器任意位置单击,即新建一个类,命名为person。创建类也可以在类图的编辑界面停留两秒左右,出现快捷添加符。类的添加的两种方式如图 10-45 所示。

图 10-45　类的添加的两种方式

类的命名和用例等的命名方式相同,既可通过双击新建类的名称进行修改,也可通过属性编辑器进行修改。类的属性和操作都可在属性编辑器进行相应编写。其中类属性的添加如图 10-46 所示,添加按钮位于图 10-46 右上角;操作的添加和属性的添加类似,如图 10-47 所示。添加属性和操作后的 person 类如图 10-48 所示。

图 10-46　类属性的添加

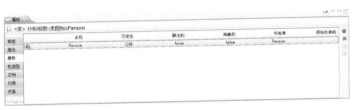

图 10-47　类操作的添加

图 10-48　person 类

　　按同样的方法添加其他类。这里新建 Worker 类、Customer 类和 Manager 类，并为它们添加相应属性和操作，如图 10-49 所示。

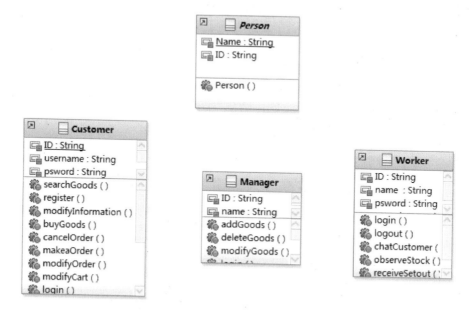

图 10-49　类的添加

　　在完成类的添加后，应该考虑这些类之间的关系。很明显在该系统中图 10-49 中的类存在泛化关系，它们都从 person 类进行了泛化。在 RSA 中建立泛化关系首先要在选用板中选择泛化关系，点击泛化关系，然后找到要建立关系的类，先点击子类，再将箭头拖向父类，如图 10-50 所示。创建好的继承类的表示如图 10-51 所示。

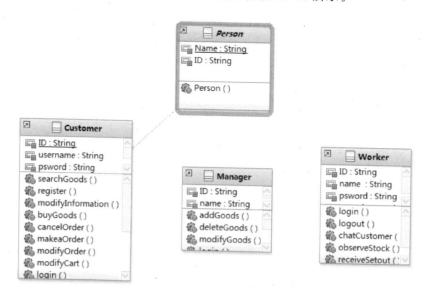

图 10-50　泛化关系的建立

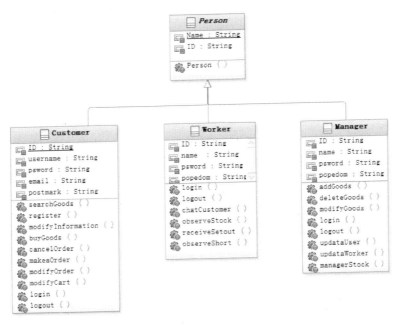

图 10-51　继承类的表示

同样的方式,在类图包下创建名为"其他类图"的类图,并创建 Cart 类、Product 类、Order 类、Category 类和 Stock 类。

在类图包下创建名为"类之间的关系图"的类图,并将所有的类加入图中,在类与类之间建立关系。在该类图中除了上面讲到的泛化的关系,其他的类之间存在最常见的关联关系。这种关联是在两个类之间有一条直线连接,上面写上关联名。下面以订单类和商品类之间的关联关系为例介绍在 RSA 中关联的建立。

首先根据类的创建方法创建出需要的类——Order 类和 Product 类,如图 10-52 所示。

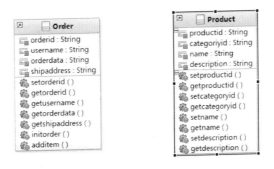

图 10-52　创建的两个类

在创建好两个类之后,接下来进行两个类之间的关联创建。在选用板中选择关联图标,点击两个类中的一个,将关联线拖向另一个类即完成了关联关系的添加,如图 10-53

所示。

图 10-53 类之间关联的添加

最后一个步骤就是关联关系属性的编辑。点击关联线,在属性编辑区中点击"常规",在本例中将对应的多重性的值根据需要进行了编辑,如图 10-54 所示。最后的电子购物类图如图 10-55 所示。

图 10-54 关联关系多重性的编辑界面

10.4.2 创建顺序图

右键分析模型,在右键菜单中选择【添加 UML】→【包】命令,并将包命名为顺序图包,右键顺序图包,选择【添加图】→【顺序图】命令,并将其命名为订购商品顺序图,双击打开顺序图编辑器,如图 10-56 所示。

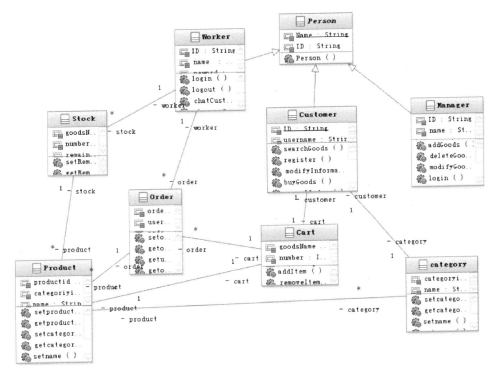

图 10-55　电子购物类图

图 10-56　顺序图编辑界面

下面以顾客的订购顺序图为例介绍顺序图的创建过程。首先是向顺序图中添加对象,具体步骤如下:单击选用板中的生命线图标,然后单击序列图编辑区,在弹出的菜单中选择【选择现有类型】命令,在弹出的对话框中选中浏览选项卡,选择现有类中的

Customer 类，如图 10-57 所示。

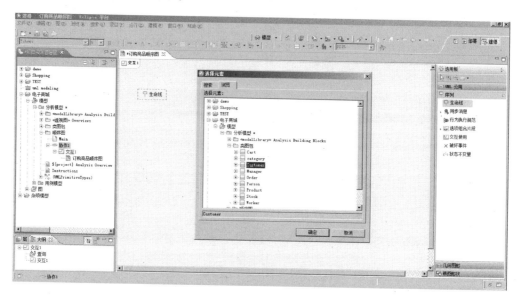

图 10-57　选择要添加的对象类型

按照以上步骤，再为顺序图加入四个对象，如图 10-58 所示。

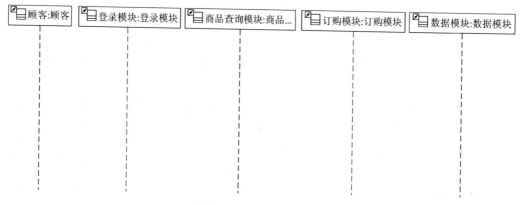

图 10-58　对象的添加

添加好对象后，在对象与对象之间添加异步调用。异步调用可在选用板中进行异步消息的选择，选择后在要添加消息的生命线处点击并拖向消息要到达的生命线处，之后会出现如图 10-59 所示的对话框。

将操作名称输入对话框内并点击【确定】，一个异步消息就建好了，如图 10-60 所示。

用同样的步骤将其他的消息创建完成后，顾客订购顺序图如图 10-61 所示。

10.4.3　创建协作图

协作图在 RSA 中称为通信图。在资源管理器中右键点击分析模型，在菜单栏中选择【添加图】→【通信图】，如图 10-62 所示为通信图的开始界面。

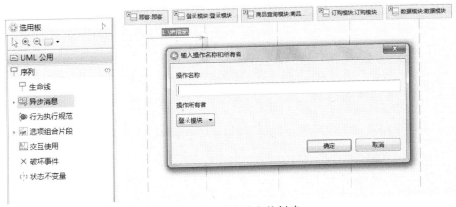

图 10-59　异步消息的创建

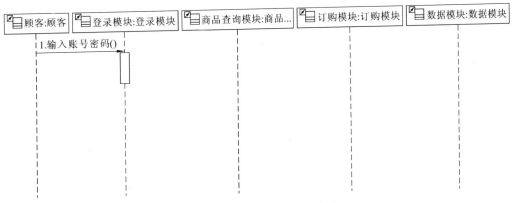

图 10-60　一个异步消息的完成

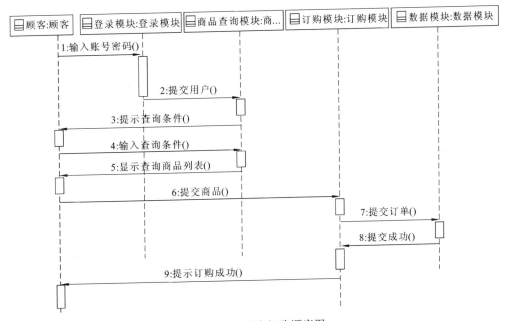

图 10-61　顾客订购顺序图

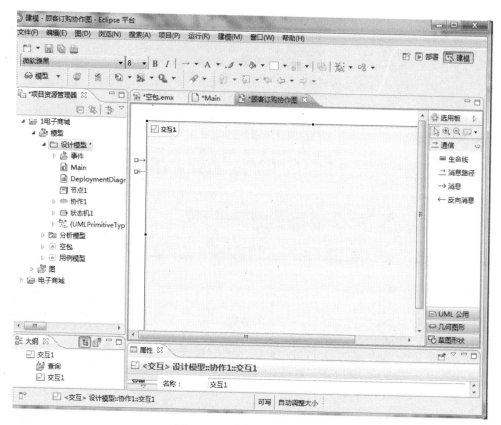

图 10-62　通信图的开始界面

　　下面以顾客的删除订单为例介绍在 RSA 中协作图的编辑步骤。

　　首先是要向编辑区中添加对象。在选用板中点击【生命线】并拖至协作图的空白编辑区,松开鼠标,此时会出现如图 10-63 所示的界面。点击【创建类】,然后在属性编辑区将类的名称改为"顾客",或直接在资源管理区找到已经创建好的"顾客"类,点击并拖至协作图编辑区的空白地方即可。

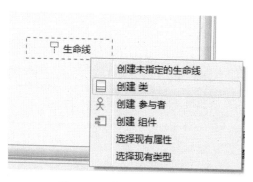

图 10-63　创建协作图对象

以同样的步骤方法将其他的对象类添加到协作图编辑区中,结果如图 10-64 所示。

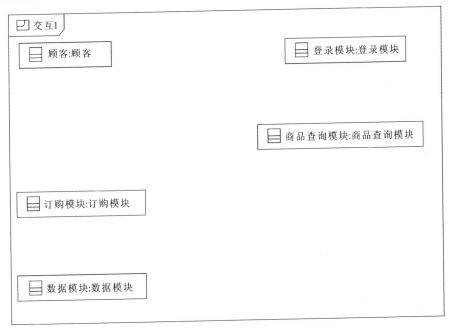

图 10-64　对象的添加

　　之后的任务是对已经创建好的对象建立通信关系。在选用板中选择【消息路径】，然后在编辑区中点击"顾客"对象并将路径线拖至"登录模块"对象。这样就完成了两个对象之间的消息路径连接，如图 10-65 所示。

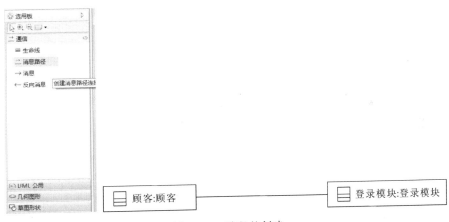

图 10-65　路径的创建

　　接下来是在创建好的路径上添加消息。消息分为正向消息和反向消息。例如，顾客与登录模块之间的路径在建立时是从顾客拖至登录模块，在这条路径上的消息是让顾客输入账号和密码到登录系统，这样的一个消息需要用正向消息来添加；如果当时将两者之间的路径方向改为从登录模块拖至顾客，这时让顾客输入账号和密码的消息就需要用反向消息来添加。在 RSA 中，在选用板中正向消息用"消息"表示，反向消息用"反向消息"表示，如图 10-65 左图所示。

在这里点击"消息",将光标放置在要建立消息的路径上,会出现如图 10-66 所示的界面。

图 10-66　消息的建立

接下来在消息的属性编辑区中输入消息的名称,这里输入"输入账号密码",并将【类型】在下拉菜单中改为【异步调用】。建立的两个类之间的协作消息结果如图 10-67 所示。

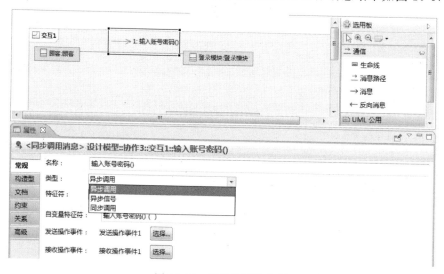

图 10-67　消息的属性编辑

反向消息的创建和消息创建的步骤一样。最后完成的顾客删除订单协作图如图 10-68 所示。

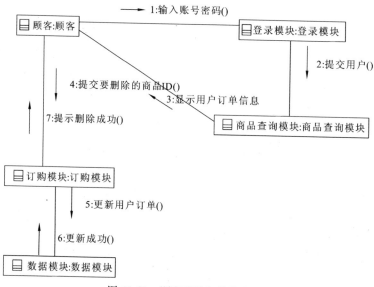

图 10-68　顾客删除订单协作图

10.5　创建系统设计模型

在设计模型中,一般会包含这些 UML 图:一些顺序图,用来描述对象之间是如何交互的;一些状态图,用来描述对类的动态行为建模;一些构件图,用来描述系统软件构架;还有部署图,用来描述系统的物理构架。

系统设计模型的创建和用例模型、分析模型的创建类似,步骤如下。

在资源管理器中右键单击电子商城项目,在弹出菜单中选择【新建】→【创建 UML 模型】命令。系统弹出"UML 模型"对话框。在【从以下项创建新的模型】选项组中选择【标准模板】,然后单击【下一步】按钮。

在接下来的对话框中,选中【类别】列表中的【分析和设计】,同时在【模板】列表中选中【空白设计包】。然后,在【文件名】文本框中输入设计模型的名字,这里将它命名为设计模型。如图 10-69 所示。

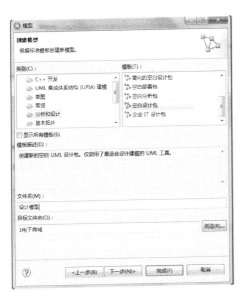
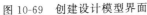
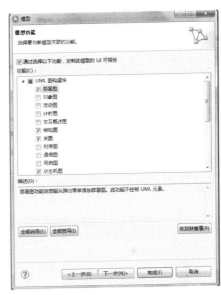

图 10-69　创建设计模型界面　　　　　图 10-70　UML 元素构建块界面

另外,可以单击【浏览】按钮选中保存的目标文件夹。单击【下一步】按钮。在接下来的【包详细信息】对话框中,单击【下一步】按钮。在随后的【功能模型】对话框中,展开【UML 图构建块】并勾选【部署图】、【状态机图】和【结构图】,同时勾选【UML 元素构建块】,如图 10-70 所示。完成上述步骤后点击【完成】,RSA 就创建了一个空白设计模型。

10.5.1　创建状态图

右键模型下的空包,在右键菜单中选择【添加图】→【状态机图】命令,并将其命名为Order 状态图,双击打开状态图编辑器,如图 10-71 所示。

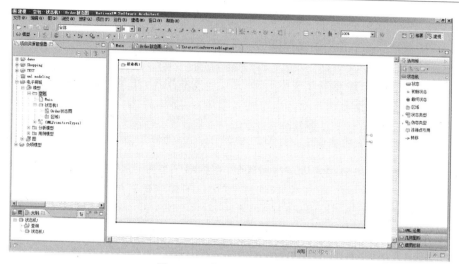

图 10-71　状态图的编辑界面

首先,向状态图中加入初始状态和终止状态,如图 10-72 所示。

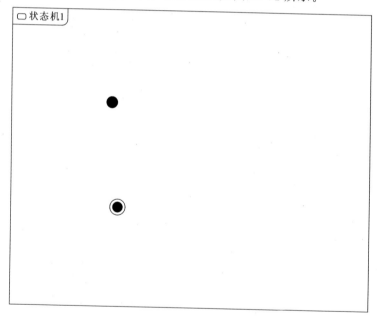

图 10-72　状态图起终点的添加

为状态图添加状态,单击选用板状态图标,在状态图编辑器中单击,并为新添加的状态命名,如图 10-73 所示。

图 10-73　状态图状态的添加

添加好状态的状态图如图 10-74 所示。

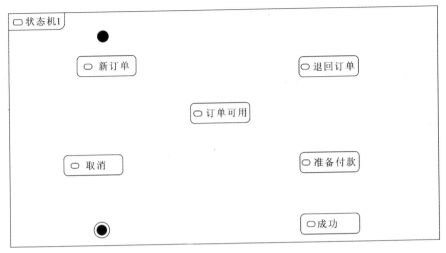

图 10-74　状态的添加完成

增加转换，转换是一种状态到另一种状态，增加转换的具体步骤如下：在选用板中单击转换图标，然后用鼠标单击一个状态拖到另一个状态，即添加转换，并对转换命名，如图 10-75 所示。

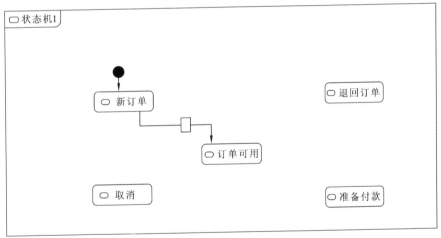

图 10-75　转换的命名界面

类似的方法对其他状态之间的迁移进行转换添加，如图 10-76 所示。

订单在可用的状态下会发生派生迁移。RSA 中同步迁移的编辑和前面的转换类似。在选用板中选择派生，在状态图编辑区适当位置点击，出现如图 10-77 右边的界面。

在并发状态的编辑中，点击选用板中的转移图标，点击"订单可用"状态并拖至并发杆处，这样就完成了并发状态的创建，如图 10-78 左边所示。在 RSA 状态图中状态的并发迁移和同步的编辑都与之类似。图 10-78 右边显示了完成的订单状态图。

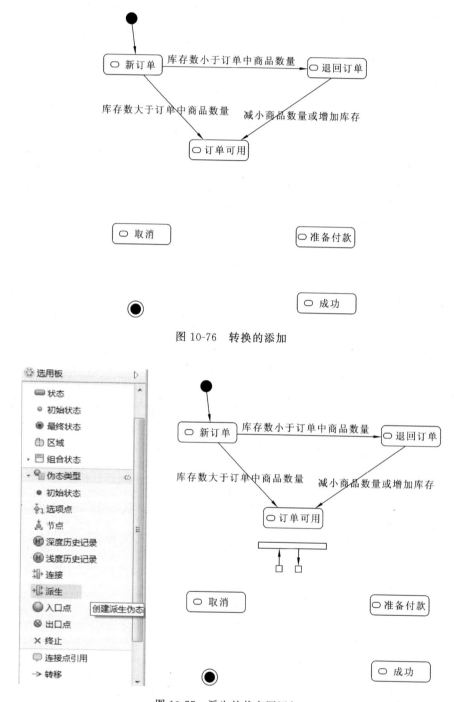

图 10-76　转换的添加

图 10-77　派生的状态图添加

10.5.2　创建构件图

构件图又称组件图,在 RSA 中使用组件图。右键模型下的空包,在右键菜单中选择

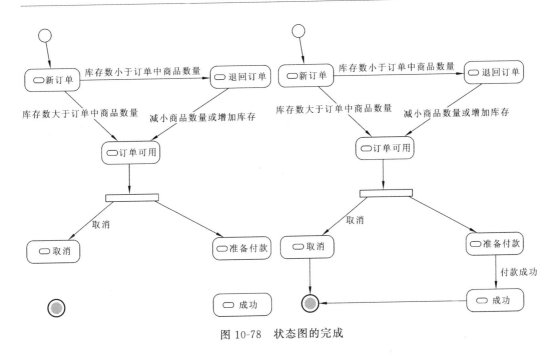

图 10-78　状态图的完成

【添加图】→【组件图】命令，并将其命名组件图，双击打开组件图编辑器，如图 10-79 所示：

图 10-79　构件图编辑界面

电子商城系统组件图由三个模块组成，分别为系统服务，客户服务和数据服务。

添加组件的具体步骤如下：在选用板单击组件图标，在组件编辑器中单击，并为组件命名，如此加入名为系统服务、客户服务和数据服务的组件。如图 10-80 所示。

然后在选用板选中关联图标，在组件图中选中一个组件拖动鼠标到另一个组件，如图 10-81 所示。

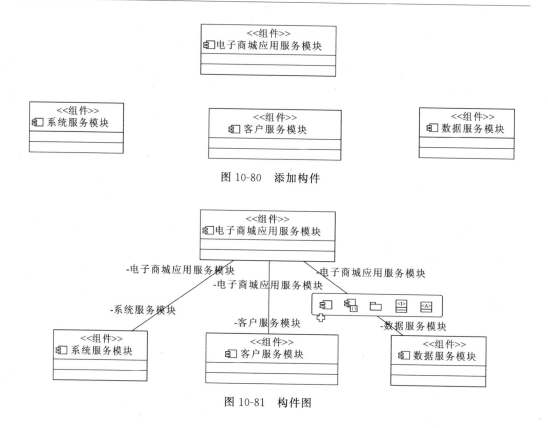

图 10-80　添加构件

图 10-81　构件图

10.5.3　创建部署图

右键模型下的空包,在右键菜单中选择【添加图】→【部署图】命令,并将其命名部署图,双击打开部署图编辑器,并通过选择属性视区中【常规】选项卡对其重命名,如图 10-82 所示。

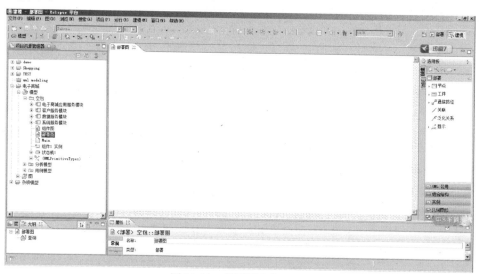

图 10-82　部署图编辑界面

　　接下来是创建节点。创建节点时点击选用板中的节点图标,然后在部署图编辑器上单击,并为节点命名,向部署图中添加客户访问终端、管理员管理界面、应用服务节点和数据库应用服务节点,如图 10-83 所示。

　　添加关系,在选用板中单击 图标,为节点之间建立关系,完成部署图。部署图如图 10-84 所示。

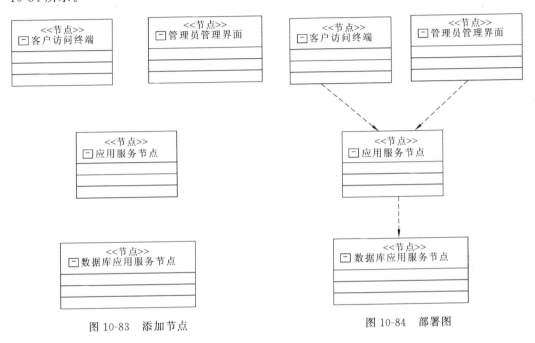

　　　　图 10-83　添加节点　　　　　　　　　　　　　图 10-84　部署图

10.6　本章小结

　　本章主要介绍了 UML 建模工具 IBM Rational Software Architect 的安装和建模操作步骤。对于 RSA 的较高版本,IBM 创建了新的产品安装程序 Installation Manager,它拥有新的界面,简化了安装过程。按照提示安装好之后进入 RSA 的主界面。RSA 的主界面由标题栏、菜单栏、工具栏和工作区组成。默认的工作区由三部分组成,分别是资源管理器和大纲视图区、编辑区、属性和状态视图。

　　安装好 RSA 建模软件后,接下来对一个系统建模时,首先要先创建一个模型项目,然后在创建好的模型项目中添加需要的模型,如用例模型、分析模型和设计模型等。各个模型中都有包含的内容,本章详细介绍了这些模型的内容含义和创建步骤。

参考文献

[1] 张海潘.软件工程导论.第 4 版.北京:清华大学出版社,2003.

[2] 卡耐基-梅隆大学软件工程研究所编著.能力成熟度模型(CMM):软件过程改进指南.刘孟仁,等译.北京:电子工业出版社,2001.

[3] 邵维忠,杨芙清.面向对象系统分析.北京:清华大学出版社,1998.

[4] IEEE Software Engineering Standars 610.12.1990.

[5] 刁成嘉.UML 系统建模与分析设计. 北京:机械工业出版社,2007.

[6] Alistair Cockburn.编写有效用例.王雷,张莉译.北京:机械工业出版社,2002.

[7] Rumbaugh J,Jacobson I,Booch G.The Unified Modeling Language Reference Manual.Second Edition.Boston:Pearson Education,Inc.2005.

[8] Rumbaugh J et al.Object-Oriented Modeling and Design. Englewood Cliffs:Prentice-Hall,1991.

[9] Rumbaugh J,Jacobson I,Booch G.UML 参考手册.姚淑珍,唐发根,等译.北京:机械工业出版社,2001.

[10] 俞志翔.面向对象分析与设计:UML 2.北京:清华大学出版社,2006.

[11] 王少锋.面向对象技术 UML 教程.北京:清华大学出版社,2004.

[12] Schach S R,斯凯奇.面向对象与传统软件工程.北京:机械工业出版社,2003.

[13] Withall S. Software requirement patterns. Washington,D.C.:O'Reilly Media,Inc,2010.

[14] Shaw M,Garlan D. Software architecture: perspectives on an emerging discipline. Englewood Cliffs: Prentice Hall,1996.

[15] Bass L,Clements P,Kazman R. Software Architecture in Practice. Bostan:Addison-Wesley,1998.

[16] 程杰.大话设计模式.北京:清华大学出版社,2007.

[17] 张逸.软件设计精要与模式.北京:电子工业出版社,2007.

[18] 秦小波.设计模式之禅.北京:机械工业出版社,2010.

[19] 蔡敏,徐慧慧,黄炳强. UML 基础与 Rose 建模教程. 北京:人民邮电出版社,2006.

[20] 曹衍龙,汪洁.UML2.0 基础与 RSA 建模实例教程.北京:人民邮电出版社,2011.

[21] 陈樟洪.IBM Rational Software Architect 建模. 北京:电子工业出版社,2008.